水利信息化编程基础

（Java 初级应用）

主　编　李　佩　聂　芬　吴翠鸿

北京理工大学出版社
BEIJING INSTITUTE OF TECHNOLOGY PRESS

内 容 简 介

本书通过水利行业工作型任务和综合案例的学习，使学生熟练掌握程序设计基本语法、程序结构、数组、方法等 Java 编程的基本知识和程序设计思想，独立完成基础程序的编写，为后续开发水利信息管理系统奠定基础，同时培养学生诚实、守信、坚忍不拔的性格，沟通表达、自我学习、团队协作的能力，并养成规范编码、按时交付成果等良好的职业习惯。

本书依托省级精品课程“水利信息化编程基础”，将教材、课堂、资源融合，实现线上和线下的有机结合，为翻转课堂改革奠定基础，体现“教、学、做”的完美统一。

图书在版编目(CIP)数据

水利信息化编程基础：Java 初级应用 / 李佩，聂芬，吴翠鸿主编. -- 北京：北京理工大学出版社，2024.4(2024.6 重印)

ISBN 978-7-5763-3888-1

Ⅰ. ①水… Ⅱ. ①李… ②聂… ③吴… Ⅲ. ①水利工程-信息化②JAVA 语言-程序设计 Ⅳ. ①TV-39 ②TP312.8

中国国家版本馆 CIP 数据核字(2024)第 087946 号

责任编辑：钟　博　　**文案编辑**：钟　博
责任校对：刘亚男　　**责任印制**：施胜娟

出版发行 / 北京理工大学出版社有限责任公司
社　　址 / 北京市丰台区四合庄路 6 号
邮　　编 / 100070
电　　话 / (010) 68914026 (教材售后服务热线)
(010) 68944437 (课件资源服务热线)
网　　址 / http://www.bitpress.com.cn

版 印 次 / 2024 年 6 月第 1 版第 2 次印刷
印　　刷 / 涿州市新华印刷有限公司
开　　本 / 787 mm×1092 mm　1/16
印　　张 / 10.75
字　　数 / 237 千字
定　　价 / 39.80 元

前言

一、编写背景

随着信息技术的迅猛发展，水利信息化已成为提升水利工作效能、保障水资源安全、应对水灾害风险的重要手段。Java 作为一种成熟、稳定且广泛应用的编程语言，其在水利信息化领域的应用日益广泛。为了满足水利行业对高素质编程人才的需求，培养既懂水利业务又具备编程能力的复合型人才，我们编写了本教材。

本教材紧密结合水利行业的特点和实际需求，通过系统介绍 Java 语言在水利信息化领域的应用，帮助学习者掌握水利信息查询、数据处理、业务逻辑实现、预警系统构建以及系统优化等方面的编程技能。同时，本教材充分考虑了初学者的学习特点，力求通过生动的案例、清晰的讲解和实用的操作指导，帮助学习者建立坚实的编程基础，提高解决实际问题的能力。

二、教材特点

（1）理论与实践相结合：本教材在介绍 Java 编程基础的同时，紧密结合水利信息化的实际需求，通过丰富的案例和实践操作，帮助学习者将理论知识转化为实际应用能力。

（2）模块化编排：本教材共分为 6 个项目，每个项目围绕一个特定的水利信息化实践应用主题展开，便于学习者循序渐进地掌握相关知识和技能。

（3）团队协同编写：本教材由山西水利职业技术学院的多位专家和教师共同编写，充分发挥了团队的智慧和经验，确保了教材内容的准确性和实用性。

（4）注重实际操作：每个项目都配有详细的操作步骤和实例代码，可以帮助学习者快速上手，并在实践中不断提升编程水平。

（5）适应性强：本教材既可作为水利类专业学生的教材，也可作为水利行业从业人员的培训和学习资料，具有较强的适应性和通用性。

（6）资源丰富：本教材项目来自企业，利用互联网技术扩充教材内容，在纸质教材外增加了教学资源包，包含视频、音频、作业、仿真动画、课程思政等教学资源，本课程已被评为山西省在线精品课程，实现了线上线下有机结合，是翻转课堂、自主学习、混合课堂改革的理想教材。

三、教材内容

项目一：水情查询系统总体设计。本项目介绍了 Java 语言基础、Java 开发工具、Eclipse 的使用方法等内容，结合大量的示例、技巧等使读者快速掌握 Java 语言及其开发工具的使用方法，为以后进行 Java 编程打下坚实的基础。

项目二：水情查询系统数据收集与展示。本项目介绍了 Java 语言的基本数据类型及其特点，运算符、表达式的使用方法，控制台输入与输出，学习本项目后学习者能完成水情查询系统的用户注册和雨情信息计算。

项目三：水情查询系统数据监测。本项目介绍了选择结构的使用方法，包括单分支、双分支、多分支选择结构。通过使用选择结构，可以实现水情查询系统的数据测报功能。

项目四：水情查询系统核心业务。本项目介绍了三种循环结构——while 循环结构、do – while 循环结构和 for 循环结构，以及循环结构的基本语法格式、执行流程和工作原理，便于学习者理解循环结构的作用和使用循环结构的必要性。通过使用循环结构，可以让程序帮助我们完成繁重的水情计算等相关任务，同时可以简化程序的编写。

项目五：水情查询系统预警。本项目介绍了数组的概念及应用场景。通过使用数组，学习者可以培养持续学习能力，不断拓展和应用与数组相关的知识和技能。

项目六：水情查询系统优化。本项目介绍了有关面向对象程序设计的知识，包括面向对象编程思想、类的继承与多态特征、包与接口应用、异常处理等。本项目使用大量的示例和图解，详细讲解了面向对象程序设计的方法和各种特征。通过本项目的学习，学习者能够完全掌握面向对象的封装性、继承性、多态性，以及方法的重写和重载技术等。

四、其他

本书由山西水利职业技术学院李佩、聂芬、吴翠鸿担任主编。其中项目一和项目三由李佩编写，项目二和项目六由聂芬编写，项目四和项目五由吴翠鸿编写。李佩负责全书的通稿工作。本书在编写过程中得到李晓菊、李浩亮、王森浩、关竹锐、邢敏和杨美玉的大力支持，在此表示感谢。

本教材在编写过程中得到万家寨水务控股集团、北京传智播客教育科技有限公司等行业企业专家给予的大力支持和帮助，在此一并表示感谢。

编者

2024 年 4 月于山西运城

目 录

项目一

水情查询系统总体设计

水情查询系统是一个应用于水利行业的基于现代信息技术的数字转型系统，旨在帮助用户实时了解水文信息、监测水资源状况和提供水情数据分析，以支持水资源管理和保护工作。

【项目描述】

现需要使用 Java 编程软件设计开发一款水情查询系统，完善水资源管理、提升水环境监测水平和促进水生态文明建设，同时在保障水资源安全、推动可持续发展等方面发挥重要作用。

【项目分析】

水情查询系统是一个用于监测和查询水资源情况的系统。它的任务是收集、记录和分析水资源数据，并根据用户查询内容提供相关信息。水情查询系统的主要功能如下。

（1）数据收集：收集各种水资源相关数据，如降雨量、河流水位、地下水位等。

（2）数据记录：对收集到的水资源相关数据进行整理、归档和存储，确保数据的完整性和准确性。

（3）数据分析：对收集到的水资源相关数据进行分析，生成水资源情况的统计和趋势分析报告。

（4）用户查询：为用户提供查询界面，允许用户根据需求查询特定时间段、特定地点的水资源情况。

（5）结果展示：将查询结果以图表、图像或文字的形式展示给用户，便于用户理解和参考。

（6）预警：根据数据分析结果，及时发出水资源短缺、洪涝等预警信息，提醒相关部门和公众采取措施。

水情查询系统的目标是提供可靠的水资源信息，帮助政府、企事业单位和公众做出科学决策，合理利用和保护水资源。

水情查询系统涵盖的功能如图 1.1 所示。

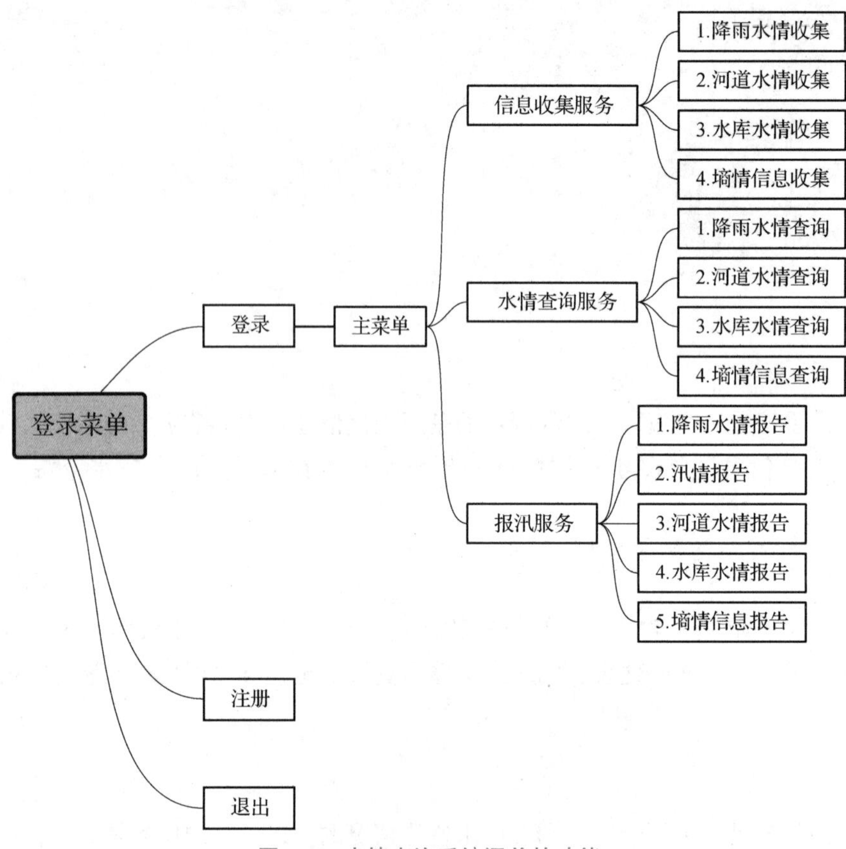

图 1.1　水情查询系统涵盖的功能

【学习目标】

1. 素质目标

（1）培养高效利用时间进行自主学习的习惯。

（2）提升用程序逻辑思维思考问题的能力。

（3）加强理论联系实际、善于发现问题并积极寻求解决方法的意识。

2. 知识目标

（1）了解 Java 语言的特性。

（2）了解 Java 系统开发平台。

（3）掌握 Eclipse 的使用方法。

（4）掌握 Java 程序运行方法。

3. 能力目标

（1）能够正确安装和使用 JDK。

（2）能够正确安装和使用 Eclipse。

（3）能够新建工程、包和类。

（4）能够编写规范化简单代码。

（5）能够正确使用编码注释。

【学习任务】

任务 1.1　JDK 环境搭建

1.1.1　任务分析

JDK（Java Development Kit）是 Java 应用程序的开发工具包，是整个 Java 的核心，包括 Java 运行时环境（Java Runtime Environment，JRE），Java 工具（如 javac、java、javap 等），以及 Java 基础类库（如 rt. jar）。下载安装 Oracle 公司的 JDK 是走入 Java 大门的第一步。基于稳定性考虑，本书采用 JDK8. 0 版本。

1.1.2　知识准备

1. Java 语言简介

Java 概述

1991 年，Sun 公司的 James Gosling 等人为了解决消费类电子产品的微处理器计算问题，开发出一种名为“Oak”（中文译为“橡树”）的与平台无关的语言，它就是 Java 语言的前身。它用于控制嵌入有线电视交换盒、个人数字助理（Personal Digital Assistant，PDA）、家用电器等的微处理器。

1993 年，交互式电视和 PDA 市场用量开始滑坡，而 Internet 正处于发展时期，因此 Sun 公司将目标市场转向 Internet 应用程序。

1994 年，Sun 公司将 Oak 语言更名为 Java（Java 译为“爪哇”，是印度尼西亚一个盛产咖啡的岛屿），并于 1995 年正式推出它的第一个版本。Internet 的迅猛发展与 WWW（万维网）应用的快速增长，为 Java 语言的发展带来了契机。Java 语言优秀的跨平台特性使之非常适合 Internet 编程。最初用 Java 语言编写的 Hot Java 浏览器和应用于 Web 页面的 Applet 程序使 Java 语言成为 Internet 上最受欢迎的开发语言。Sun 公司采取“开放式”的合作策略，以颁发使用许可证的方式允许各家公司把 Java 虚拟机（JVM）嵌入自己的操作系统或应用软件，这吸引了大批公司加入 Sun 联盟，如 IBM、惠普（HP）、网景（Netscape）、诺威尔（Novell）、甲骨文（Oracle）、苹果（Apple）等公司；而且，开发平台的源代码完全开放，这使开发人员很容易只使用 Java 语言来实现网络各平台的开发、编程和应用，这也是 Java 语言得以迅猛发展的一个主要原因。现在全球有近 70% 的公司使用 Java 语言开发自己的计算机软件系统。

1995 年，Sun 公司发布了 Java 的第一个版本——Alpha 1. 0a2 版本，开发出 Hot Java 浏览器。1996 年，Sun 公司发布了 Java 的第一个开发包 JDK v1. 0。1997 年，Sun 公司发布了 Java 的开发包 JDK v1. 1。1998 年，Sun 公司发布了 Java 的开发包 JDK v1. 2（称为 Java 2）。

1999 年，Sun 公司重新组织了 Java 平台的集成方法，并将企业级应用平台作为今后发展的方向。现在 Java 开发平台的编程构架一共有 3 种：J2SE、J2EE、J2ME。J2SE（Java 2 Platform，Standard Edition），即 Java 2 平台标准版，包含构成 Java 语言核心的类。它是用于工作站、PC 的开发平台，也是 3 个编程构架中最基本的编程构架。J2EE 和 J2ME 是在 J2SE 的基础上发展、转化而来的。

2009 年，甲骨文公司宣布收购 Sun 公司。

J2EE（Java 2 Platform，Enterprise Edition），即 Java 2 平台企业版。J2EE 应用于可扩展的、基于分布式计算的企业级开发平台，如 Intranet（企业内部网），业界有大量的其他软件技术融入 J2EE 构架（如微软公司的 XML 技术），因此它具有更高的可扩展性、灵活性和集成性。

J2ME（Java 2 Platform，Micro Edition），即 Java 2 平台微型版。J2ME 用于嵌入式开发，为消费类电子产品软件开发服务，如手机系统或手机游戏软件的开发。

3 种 Java 编程架构使用的类库不尽相同，本书内容的大部分类都来自 J2SE。

2. Java 语言的特点

1）简单性与分布式

Java 语言作为一种高级编程语言，在语法规则上和 C++ 语言类似，C++ 程序员会比较容易掌握 Java 编程技术。Java 语言摒弃了 C++ 语言容易引起错误的内容，如指针操作和内存管理，使程序设计变得简单、高效。Java 语言是面向网络的编程语言，它提供了基于网络协议（如 TCP/IP）的类库。使用这些类库，Java 应用程序可以很容易地访问网络中的资源。Java 应用程序可通过一个特定的 URI 对象打开并访问网络资源，就像访问本地文件系统那样简单。

2）纯面向对象

面向对象编程技术具有很多优点，例如：通过对象的封装，减少了对数据非法操作的风险，使数据更加安全；通过类的继承，实现了代码的重用，提高了编程效率，等等。Java 编程主要集中在类、接口的描述和对象引用方面。面向对象编程技术适合开发大型的、复杂的应用程序，且程序代码易于理解和维护，是编程发展的一个趋势。

3）健壮性与安全性

Java 程序在编译和运行时具有健壮性，可以消除程序错误带来的影响。Java 语言提供了较完备的异常处理机制，在编译和运行程序时，系统对代码进行逐级检查，指出可能产生错误的地方，要求必须对可能存在错误的代码进行必要的处理，以消除产生错误造成系统崩溃的情况。Java 语言提供自动垃圾收集功能来进行内存管理，防止程序员在管理内存时产生错误，这些措施保证了 Java 系统运行的可靠性。作为网络编程语言，安全是至关重要的。一方面，在语义功能上，Java 语言不支持指针，消除了指针操作带来的安全隐患；另一方面，Java 语言具有完备的安全结构和策略，代码在编译和运行过程中被逐级检查，可以防止恶意程序和病毒的攻击，如编译器会查找代码错误，编译之后生成字节码（Byte Code），通过字节码校验器，病毒代码将无所遁形，因此也有人称 Java 语言为“永远不会感染病毒的语言”，另外，在加载类的时候，Java 语言还会通过类加载器进行校验。

4）平台独立与可移植性

互联网是由各种各样的计算机平台构成的，如果要保证应用程序在网络中任何计算机上都能正常运行，必须使程序具有平台无关性，即软件本身不受计算机硬件系统和操作系统的限制。Java 语言是一种“与平台无关”的编程语言，Java 源文件是与平台无关的纯文本，而 Java 源文件通过编译后生成的类文件（即字节码文件）通过 Java 虚拟机（JVM）可以在不同的平台上运行，与具体机器指令无关。Java 语言的基本数据类型在设计上不依赖具体硬件，为程序的移植提供了方便。

5）解释执行

Java 语言是一种先编译后解释执行的编程语言，Java 源程序经过编译后生成被称为字节码的二进制文件，JVM 的解释器解释执行字节码文件。解释器在解释执行字节码文件时，能对代码进行安全检查，以保证没有被修改的代码，提高了系统的安全性。另外，JVM 由 Sun 公司特别制作并在网上实时更新，它的运行效率远高于一般的解释性语言的解释器。

6）多线程与动态性

多线程机制使程序代码能够并行执行，充分利用了 CPU 的运行效率。程序设计者可以用不同的线程完成不同的子功能，极大地扩展了 Java 语言的功能。支持多线程机制是现今网络开发语言的基本特性之一。

Java 语言在设计上力求适应不断发展的环境。在类库中可以自由地加入新的方法和实例而不会影响用户程序的执行。Java 语言通过接口支持多重继承，比严格的类继承具有更灵活的方式且易于扩展。Java 语言的类库是开放的，所有程序员都可以根据需要自行定义类库。

3. Java 语言的跨平台特性

1）了解 Java 语言的跨平台特性

什么是平台？平台可以简单地理解为计算机软件系统与计算机硬件系统的结合体，如 IBM PC、苹果公司的 Mac OS 等。不同种类的计算机有不同的机器语言（内码），为一种平台编写的代码不能在另一种平台上运行，这是因为它们的内码不同。编程语言分为三类：机器语言、汇编语言、高级语言。

Java 语言是一种“先编译后解释”的高级语言，它的地位等同于 C、C ++ 或 Visual Basic 等语言。从功能上来看，Java 语言也可以实现 C、C ++ 或 Visual Basic 等语言的大部分功能，如控制台（Console）程序和 GUI（Graphical User Interface，图形用户界面）程序，只不过侧重点有所不同。Java 语言是基于 Web 开发的一种高级语言，它的“强项”在于网络。

Java 语言通过编译器在本地将源程序（扩展名为“. java”）文件编译成字节码文件（扩展名为“. class”），可以通过复制或通过网络传送到目的平台，然后通过目的平台的解释器（也可能是浏览器的解释器）来解释执行。那么 Java 语言又是如何完成跨平台操作的呢？如图 1. 2 所示，Java 语言在程序运行过程的中间环节引入了解释器来帮助它完成跨平台操作。

下面介绍一个非常重要的概念——JVM。

JVM 是在计算机内部模拟运行的假想的计算机。它可以是硬件或软件（通常为软件）。JVM 有自己独立的指令集系统（相当于计算机的 CPU、内存和寄存器等设备）。JVM 负责将 Java 字节码程序翻译成机器码，然后由计算机执行。JVM 的主要功能为：加载“. class”文件、管理内存、执行垃圾收集。

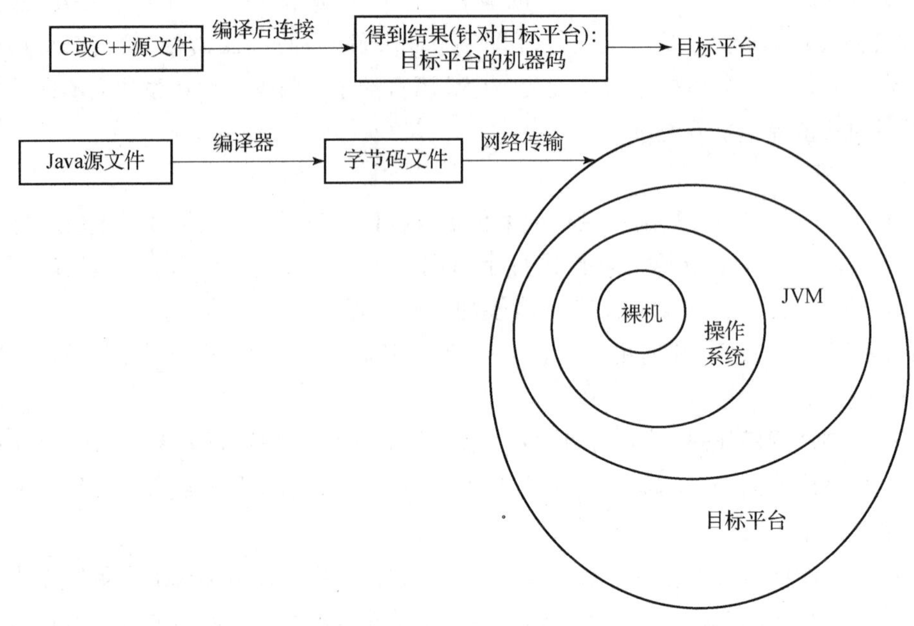

图 1.2　Java 程序运行过程

在计算机执行 Java 程序时，需要 JVM 和核心类库的支持。Java 语言采用的方法是：在操作系统和硬件平台上模拟一种抽象化的计算机系统运行时环境，即 JRE，而 JRE 包含了 JVM 和运行程序所需系统核心类库。JVM 和 JRE 是随着 JDK 的安装而建立的。

对 Java 语言而言，它的源文件和字节码文件（中间码文件）都是与平台无关的，它们可以通过网络传输到任何一个网络平台中并可以被识别，然后通过目标平台本地的 JVM 解释执行。但要注意：JVM 是与平台相关的。字节码是通过网络传输到目标平台上再通过 JVM 运行的，而不同种类的计算机有不同的内码，由此可以推断出，每个特定平台上应该有一个特定的 JVM，即 JVM 是与平台相关的。

2）Java 程序的 JRE

前面介绍了 JVM 的概念。JVM 的核心是解释器。Jave 程序运行时需要 JRE，可以简单地把 JRE 理解成工作在操作系统之上的一个小型操作系统，它包含了运行在其上的 JVM 及本地平台的核心类库，如图 1.3 所示。

下面详细描述 JRE 中各部件的作用。

（1）类加载器（Class Loader）：用来加载“.class”文件的部件，同时针对跨网络的类进行安全性检查。

（2）字节码校验器（Byte Code Verifier）：基于代码规范，对语法语义、对象类型转换和权限安全性进行检查。

（3）解释器（Interpreter）：JVM 的核心部件，把字节码指令映射到本地平台的库和指令上，使之得以执行。

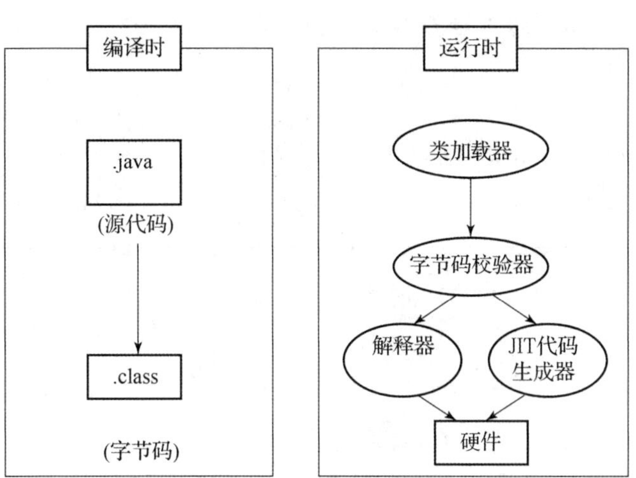

图 1.3 Java 程序的 JRE

(4) JIT 代码生成器（Just In Time）：即时代码生成器（即时代码编译器）是另一种解释执行字节码的方法。通常的解释器是逐行解释和运行，而编译器是对代码做全体编译后再连接执行，因此解释型语言的执行效率一般都低于编译型语言。为了提高运行效率，Java 语言提供了 JIT 运行方式，它可以一次性地解释完所有代码，然后运行机器码，而且曾经解释过的代码会进入缓存，如果下次再调用这部分代码，就从缓存中取出，这样就极大地提高了 Java 程序的运行效率。因为这种解释运行的方式类似编译器，因此也称 JIT 代码生成器为"JIT 即时编译器"。JIT 之于 JRE 类似引擎之于赛车，它是 JRE 的核心部件。

(5) API 类库：实现标准 Java 平台 API 的代码。

(6) 硬件本地平台接口：提供对底层系统平台资源库的调用接口。

3) 垃圾收集器

许多计算机语言都有在程序运行时动态分配内存空间的功能，当这部分内存空间不再使用的时候，程序应停止分配内存空间并回收它们。但是，回收内存空间不是容易的事情。C 和 C++语言通常需要程序员自行编写代码回收动态内存空间，这增加了程序员的负担，还会因为代码不健壮造成系统问题。

Java 语言提供了一个自动进行内存管理的工具，即垃圾收集器（Garbage Collector）。它是一个系统级的线程，专用于对内存进行跟踪和回收。因为垃圾收集器是一个优先级比较低的后台线程（Daemon Thread），所以它只在系统有空闲的时候才会回收内存，也无法判断垃圾收集器何时回收内存，以及要运行多长时间，这一切都是自动完成的。这使得程序在运行时会出现不连贯的现象，在一定程度上降低了代码的运行效率，但这个代价还是值得付出的。

4. JDK 介绍和下载

1) JDK 介绍

JDK 是 Java 开发工具包，有助于程序员开发 Java 程序，其中包括类库、编译器、调试器、JRE。Sun 公司为各种主流平台（如 Windows、Solaris、Macintosh 等）制作了 JDK，可以从官方网站下载 JDK。例如，下载的文件为"j2sdk-1_6_0-beta-windowsi586. exe"，表示此 JDK 为 Java 2 标准版，版本号为 1.6（内部版本号为 6.0），beta 表示测试版，适用于 Windows 系统的计算机。

2）JDK 下载

需要通过官方网站下载 JDK，如图 1.4 所示。

JDK 官方网站下载地址为“https://www.oracle.com/java/technologies/downloads/”。

https://www.oracle.com/java/technologies/javase/javase-jdk

Linux x86 Compressed Archive	136.81 MB	jdk-8u261-linux-i586.tar.gz
Linux x64 RPM Package	121.53 MB	jdk-8u261-linux-x64.rpm
Linux x64 Compressed Archive	136.48 MB	jdk-8u261-linux-x64.tar.gz
macOS x64	203.94 MB	jdk-8u261-macosx-x64.dmg
Solaris SPARC 64-bit (SVR4 package)	125.77 MB	jdk-8u261-solaris-sparcv9.tar.Z
Solaris SPARC 64-bit	88.72 MB	jdk-8u261-solaris-sparcv9.tar.gz
Solaris x64 (SVR4 package)	134.23 MB	jdk-8u261-solaris-x64.tar.Z
Solaris x64	92.47 MB	jdk-8u261-solaris-x64.tar.gz
Windows x86 32位机	154.52 MB	jdk-8u261-windows-i586.exe
Windows x64 64位机	166.28 MB	jdk-8u261-windows-x64.exe

图 1.4　JDK 下载

下载提示如下。

（1）需要注册登录 Oracle 账户。

（2）需要同意下载协议。

（3）根据自己的操作系统下载对应版本。

1.1.3 任务实施

1. 安装 JDK

JDK 下载和安装

下载好 JDK 8.0 版本之后，类似普通应用程序，通过向导（图 1.5～图 1.8 所示）进行安装，建议初学者使用默认的路径进行安装（不需要更改位置），直接单击“下一步”按钮即可，最后出现安装成功的界面。

JDK 安装完成后，会出现在“C:\Program Files\Java\jdk1.8.0_241”路径下，如图 1.9 所示。

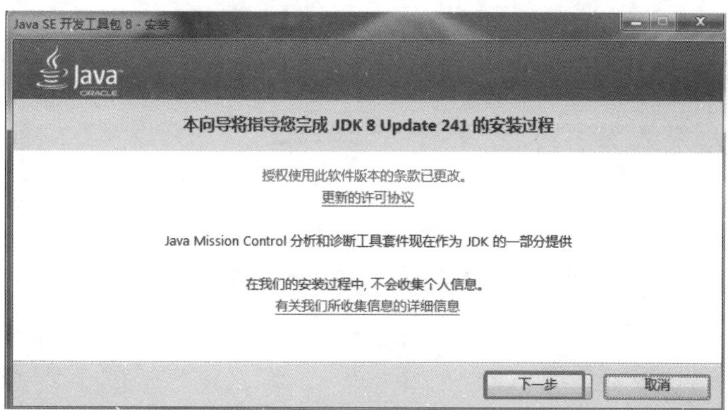

图 1.5　JDK 安装向导（1）

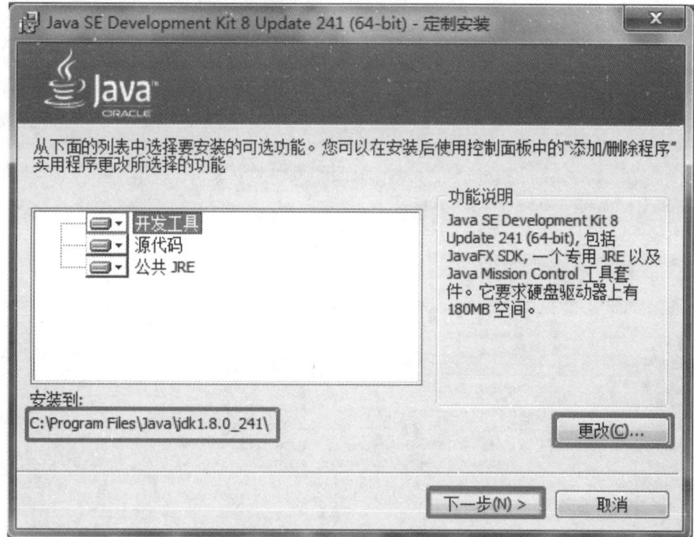

图 1.6　JDK 安装向导（2）

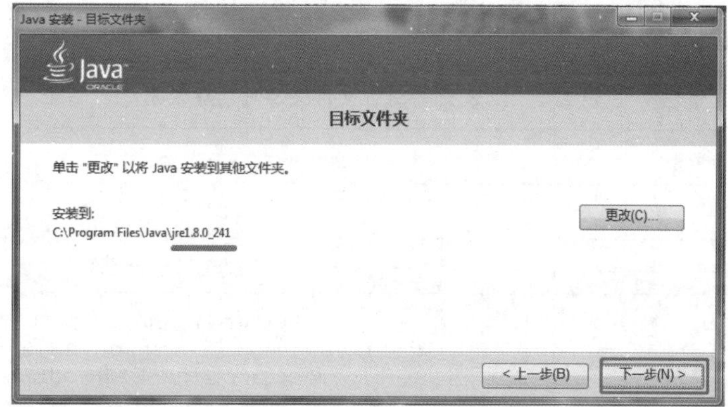

图 1.7　JDK 安装向导（3）

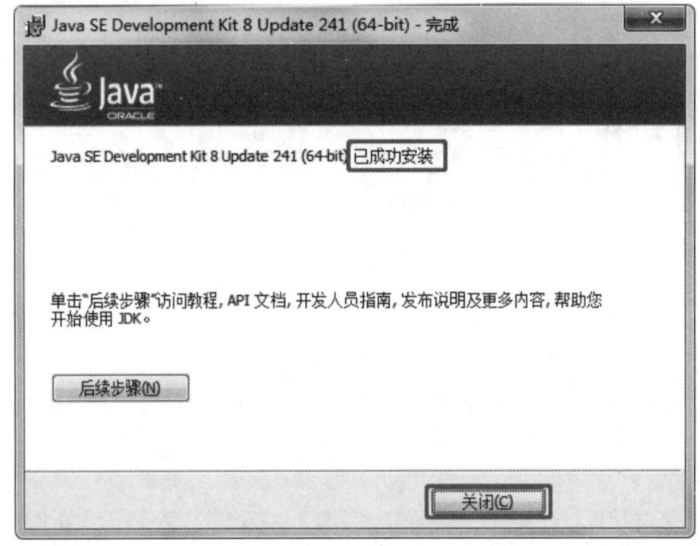

图 1.8　JDK 安装向导（4）

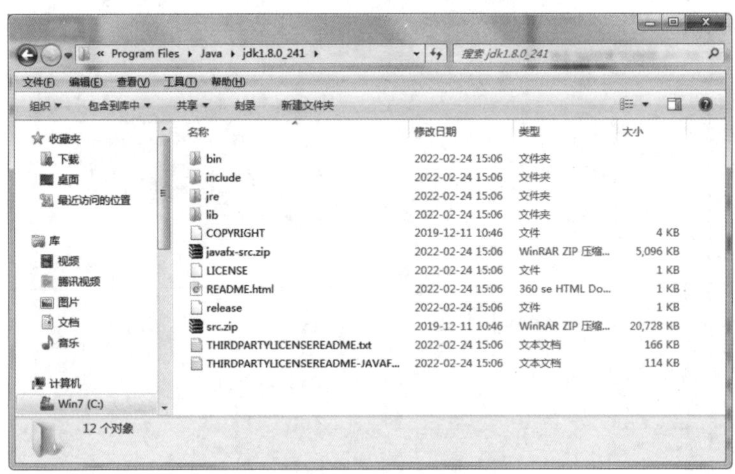

图 1.9　JDK 目录

在此对几个重要的文件夹及其功能进行说明，见表 1.1。

表 1.1　JDK 安装目录文件夹及其功能说明

文件夹名称	说明
bin	JDK 的可执行文件
db	安装 Java DB 的路径
include	供 C 语言使用的头文件
jre	运行 Java 程序所必须的 JRE
lib	JDK 的实际执行程序

2. 配置环境变量

（1）JDK 安装完成后，用鼠标右键单击“此电脑”图标，选择“属性”→“高级系统设置”命令（图 1.10）。

图 1.10　“高级系统设置”命令

（2）选择“高级”选项卡，单击“环境变量”按钮，如图 1.11 所示。

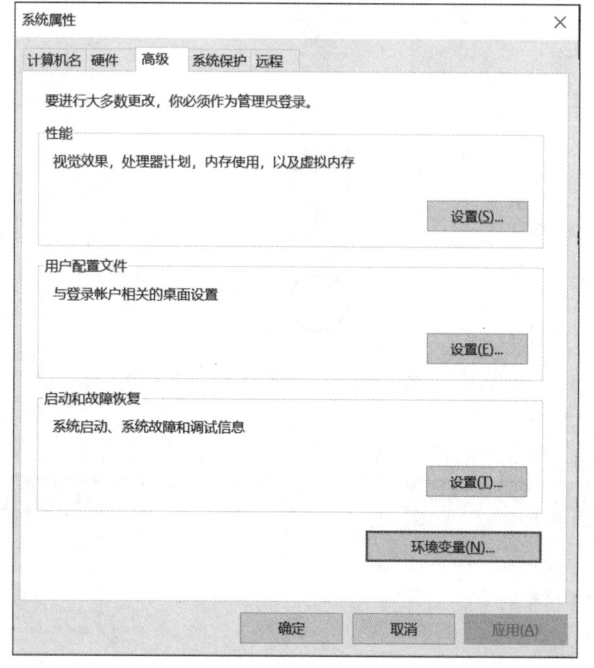

图 1.11　“高级”选项卡

出现“环境变量”对话框，如图 1. 12 所示。

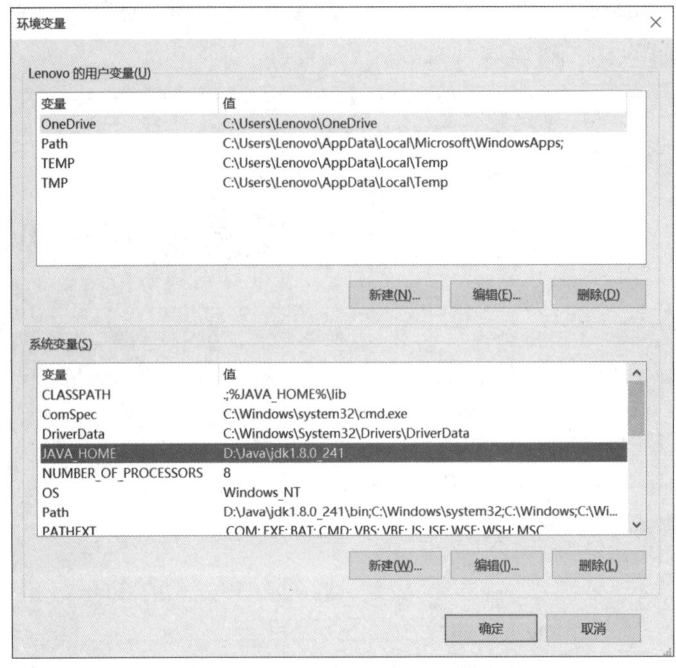

图 1. 12 “环境变量”对话框

（3）在“系统变量”列表框中设置 2 项属性——JAVA_HOME、Path（表 1. 2），若已存在则单击“编辑”按钮，若不存在则单击“新建”按钮。

表 1. 2 JDK 系统变量配置参数

操作	变量名	变量值	备注
新建变量	JAVA_HOME	C:\Program Files\Java\jdk1. 8. 0_241	要根据实际路径配置
编辑变量	Path	%JAVA_HOME%\bin; 或者 %JAVA_HOME%\jre\bin;	在变量值的最后直接添加新增的路径，不要改动原来的变量值

3. 测试 JDK 是否安装成功

（1）用鼠标右键单击“开始”菜单，选择“运行”命令，输入“cmd”（图 1. 13），打开 cmd 窗口。

（2）在 cmd 窗口中分别输入以下命令，测试环境 JDK 是否安装成功，如果出现以下信息，说明环境变量配置成功。

命令 1：java -version（图 1. 14）。

命令 2：java（图 1. 15）。

命令 3：javac（图 1. 16）。

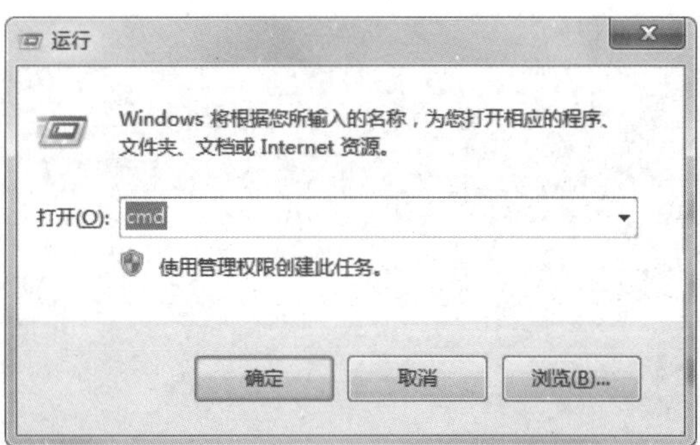

图 1.13 “运行”对话框

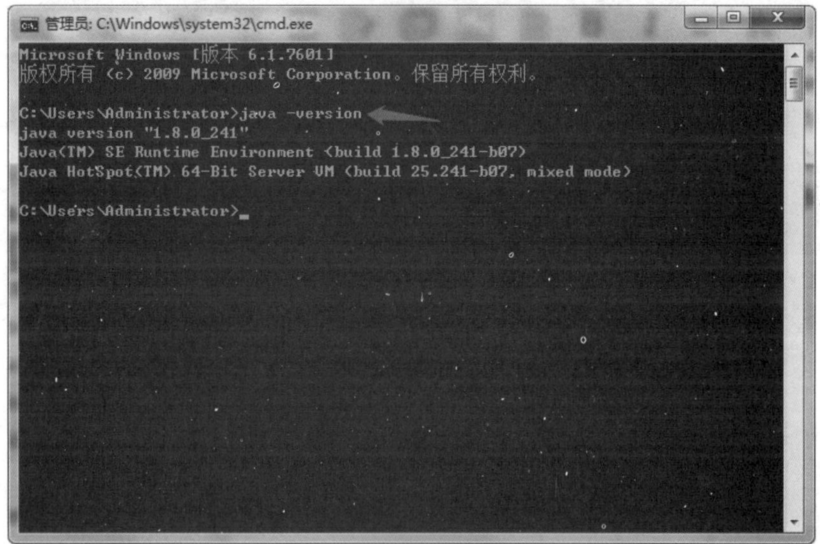

图 1.14 java – version 命令测试

图 1.15 java 命令测试

图 1.16　javac 命令测试

1.1.4 任务总结

本任务总结如下。

（1）需要下载 JDK 安装包。访问甲骨文公司官方网站并下载适合用户操作系统的 JDK 版本，对于 Windows 系统，通常选择 Windows ×86 或 Windows ×64 版本。

（2）JDK 安装包下载完成后，使用适当的命令解压 JDK 安装包，

（3）设置系统变量。在安装 JDK 过程中，需要配置系统变量，特别是 JAVA_HOME 和 Path，对于 Windows 系统，通常在系统变量中新建 JAVA_HOME 变量，其值为 JDK 的安装路径，在 Path 变量中添加“%JAVA_HOME% \bin;”或“%JAVA_HOME% \jre\bin;”，以指向 JDK 的“bin”目录和 JRE 的“bin”目录。

（4）验证安装。JDK 安装完成后，通过 cmd 窗口输入 java - version 命令等来验证 JDK 是否安装成功。

任务 1.2　用记事本编写 Java 程序

1.2.1 任务分析

安装好 Java 的开发环境后，即可开始编写第一个 Java 程序：显示“hello water!”。这是一个最简单的 Java 程序。当前，可选的 Java 程序开发环境有 JDK + 文本编辑器（如记事本）、JBuilder 和 Eclipse。“JDK + 文本编辑器”的组合适合编写一些规模较小的、独立的 Java 程序，通常不适合中大型项目的开发，但 Java 的初学者了解这种模式有助于了解 Java 程序运行的过程及相关命令的使用；JBuilder 是宝蓝（Borland）公司开发的 Java 集成开发环境，其可视化开发功能强大，但价格较高，对于开发企业来说使用成本太高；Eclipse 是

IBM公司开发并贡献的一个开源且免费的Java开发平台，功能较为完备，目前已经可以通过Window Builder插件进行可视化开发，已经成为国内外企业的主流Java开发工具。为了让初学者更好地理解Java程序，本任务用记事本编写Java程序。

1.2.2 知识准备

1. 掌握开发Java程序的步骤

用记事本开发Java程序的步骤

Java程序开发流程如图1.17所示。

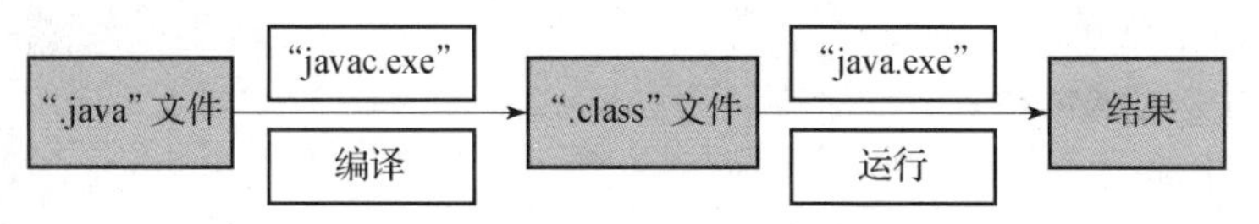

图1.17　Java程序开发流程

1）创建Java源程序

Java源程序一般以“.java”为扩展名后缀，是一个文本文件，可以用任何文本编辑器创建与编辑。

2）编译源程序

Java编译器（“javac.exe”）读取Java源程序并翻译成JVM能够明白的指令集合，且以字节码的形式保存在文件中。通常，字节码文件以“.class”为扩展名。

3）运行字节码文件

Java解释器（“java.exe”）读取字节码文件，取出指令并且翻译成计算机能执行的代码，完成运行过程。

2. System.out.println语句介绍

在Java中，System.out.println是用于将输出打印到控制台的语句。在这个语句中，out是System类的一个静态成员变量，它是一个PrintStream类型的对象。out对象是System类的标准输出流。它提供了一系列方法来打印各种数据类型的值，并将其显示在控制台上。常用的方法包括println（打印并换行）、print（打印但不换行）等。使用System.out.println可以将消息、变量的值或任何其他需要在控制台上显示的内容输出到标准输出流。

3. Java程序注释

注释用来对程序中的代码进行说明、帮助程序员理解程序代码，还有利于对程序代码进行调试和修改。在系统编译源代码时，编译器将忽略注释部分的内容。Java语言有以下3种注释方式。

（1）以“//”分隔符开始的注释，用来注释一行文字。

（2）以“/*…*/”为分隔符的注释，可以将一行或多行文字说明作为注释内容。

（3）以“/**…*/”为分隔符的注释，用于生成程序文档中的注释内容。

4. Java变量的命名规则

在Java语言中，标识符用来为程序中的变量、常量、方法、类、接口和包命名。

Java语言中的标识符规则如下。

（1）标识符由字符、数字、下划线或者美元符号（$）组成。

（2）标识符以字母、下划线、美元符号开头，不能以数字开头。

（3）标识符命名不能与关键字、布尔值（false、true）和 null 相同。

（4）标识符区分大小写，没有长度限制，遵循“见名知义”的原则。

1.2.3 任务实施

本任务实施步骤如下。

（1）编写 Java 程序。

①选择最简单的编辑器——记事本。

②输入以下代码。

```
/*
 * HelloWater.java
 * 2023 -7 -4
 * 第一个 Java 程序
 * /
public class HelloWater {
        public static void main(String[] args) {
                System.out.println("hello water!");
        }
}
```

③将文件保存成“HelloWater. java”，这个文件是存放 Java 代码的文件，称为源文件。

（2）编译并运行 Java 程序，结果如图 1. 18 所示。

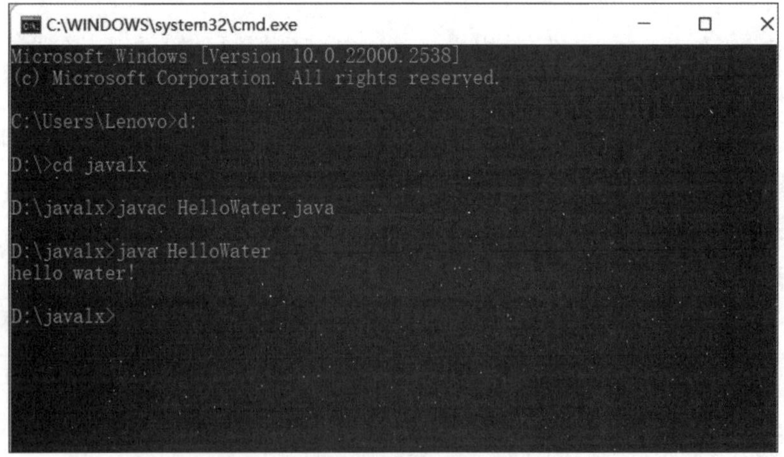

图 1. 18　程序运行结果（javac 是编译命令，java 是运行指令）

（3）在上一步使用 javac 编译之后，可以发现存放 Java 代码的位置多了一个“. class”文件，这个文件就是字节码文件（图 1. 19）。

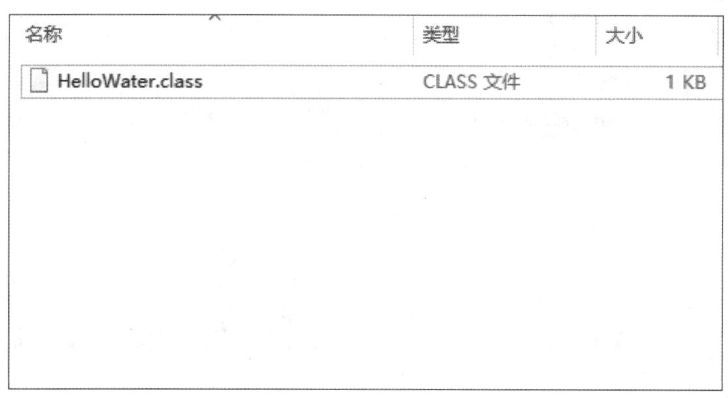

图 1.19　使用 javac 编译之后生成的字节码文件

1.2.4　任务总结

到此为止就完成了第一个 Java 程序的编写和运行。需要掌握 Java 程序的开发步骤：先创建一个 Java 源文件，再编译和运行。

Java 语言是面向对象的程序设计语言，Java 程序的基本组成单元是类，类体中又可包括属性与方法两部分。每个应用程序都必须包含一个 main( ) 方法，含有 main( ) 方法的类称为主类。示例如下。

```
class HelloWater {
        public static void main(String[] args) {
                System.out.println("hello water!");
        }
}
```

class 是一个关键字，用于定义一个类。在 Java 语言中，一个类就相当于一个程序，所有的代码都需要在类中书写。

HelloWater 是类的名称，简称类名。class 关键字与类名之间需要用空格、制表符、换行符等任意空白字符进行分隔。类名之后要写一对大括号，它定义了当前类的作用域。

示例中第 2～4 行代码定义了一个 main( ) 方法，这个方法与 C 语言中的 main( ) 函数的用法是一样的，当程序执行时，解释器会自动寻找这个方法并执行。可以把它理解为 Java 程序的入口。其中，public 表示 main( ) 方法可以被其他对象调用和使用，由于 main( ) 方法是 Java 程序的入口，在 Java 程序运行时，这个方法必须能够被调用，所以 public 不能省略。

main 前面的 void 说明 main( ) 方法不会返回任何内容，在这里 void 也不能省略。

String[ ] args 用来接收命令行传入的参数，String[ ] 用于声明 args 可存储字符串数组。虽然在这个程序中没有用到这个参数，但这个参数是不可以删除的，否则程序在运行时会出现图 1.20 所示错误。

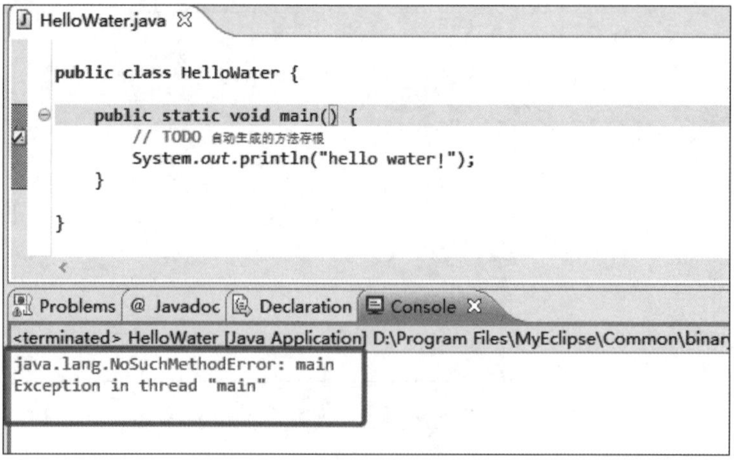

```
HelloWater.java

public class HelloWater {

    public static void main() {
        // TODO 自动生成的方法存根
        System.out.println("hello water!");
    }

}

Problems  @ Javadoc  Declaration  Console
<terminated> HelloWater [Java Application] D:\Program Files\MyEclipse\Common\binar
java.lang.NoSuchMethodError: main
Exception in thread "main"
```

图 1.20　程序运行报错

第 3 行代码在 main( )方法中编写了一条执行语句“System.out.println("hello water!");”，它的作用是打印一段文本信息并输出到屏幕，执行完这条语句，命令行窗口会输出“hello water!”。

注意：在编写程序时，程序中出现的空格、括号、分号等符号必须采用英文半角格式，否则程序会出错。

下面介绍如何从控制台输出信息。

（1）System.out.println( )，打印输出信息后会自动换行。

（2）System.out.print( )，打印输出信息后不会自动换行。

如何使下面 2 条语句达到同样的效果？

```
System.out.println("hello water!");
System.out.print("hello water!");
```

提示：使用转义符，常用转义符及说明见表 1.3。

表 1.3　常用转义符及说明

转义符	说明
\n	将光标移动到下一行的第一格
\t	将光标移到下一个水平制表位置

因此，下面的代码可以实现相同的输出效果。

```
//下面两行的效果是一样的
System.out.println("hello water!");
System.out.print("hello water! \n");
```

任务 1.3　用 Eclipse 编写 Java 程序

1.3.1　任务分析

前面已介绍过，Eclipse 是 IBM 公司开发并贡献的一个开源且免费的 Java 开发平台，功能较为完备，目前已经可以通过 Window Builder 插件进行可视化开发，已经成为国内外企业的主流 Java 开发工具，使用它可以提高开发效率。

1.3.2　知识准备

1. Eclipse 的下载和安装

Eclipse 的下载和安装

1）可以从 Eclipse 官方网站下载

Eclipse 官方网站网址为“https://www. eclipse. org/downloads/packages/”，其页面如图 1.21 所示，在该页面中选择安装最新版本的 Eclipse。

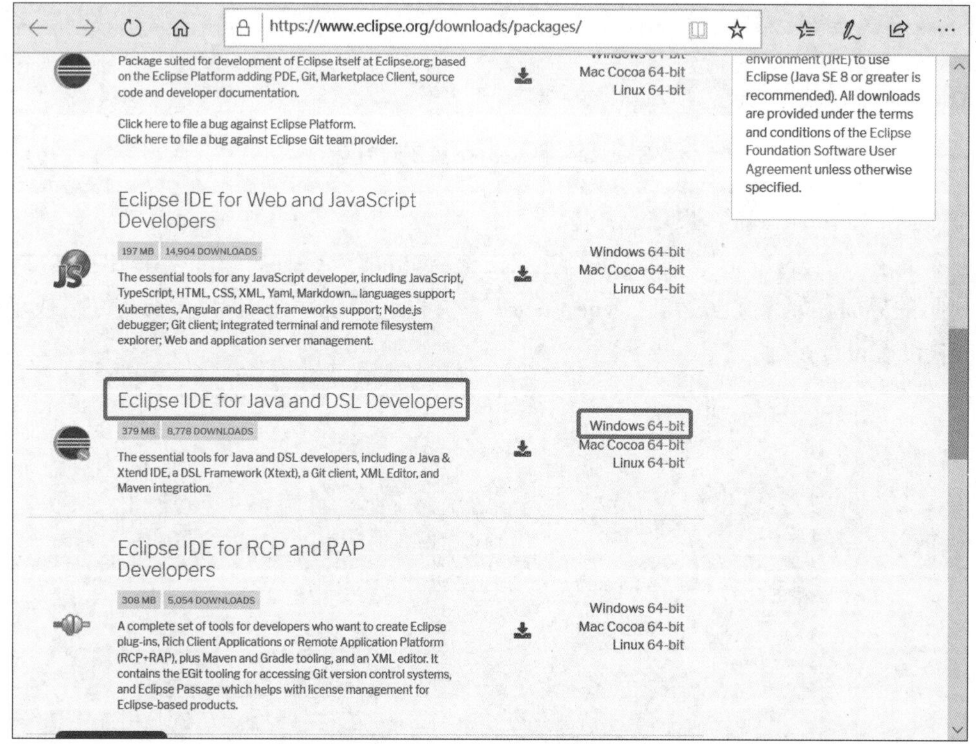

图 1.21　Eclipse 官方网站页面

2）Eclipse 的解压

如图 1.22 所示，将“eclipse - java - ganymede - SR1 - win32. zip”软件压缩包放置于 D 盘进行解压，生成目录“D:\eclipse”。

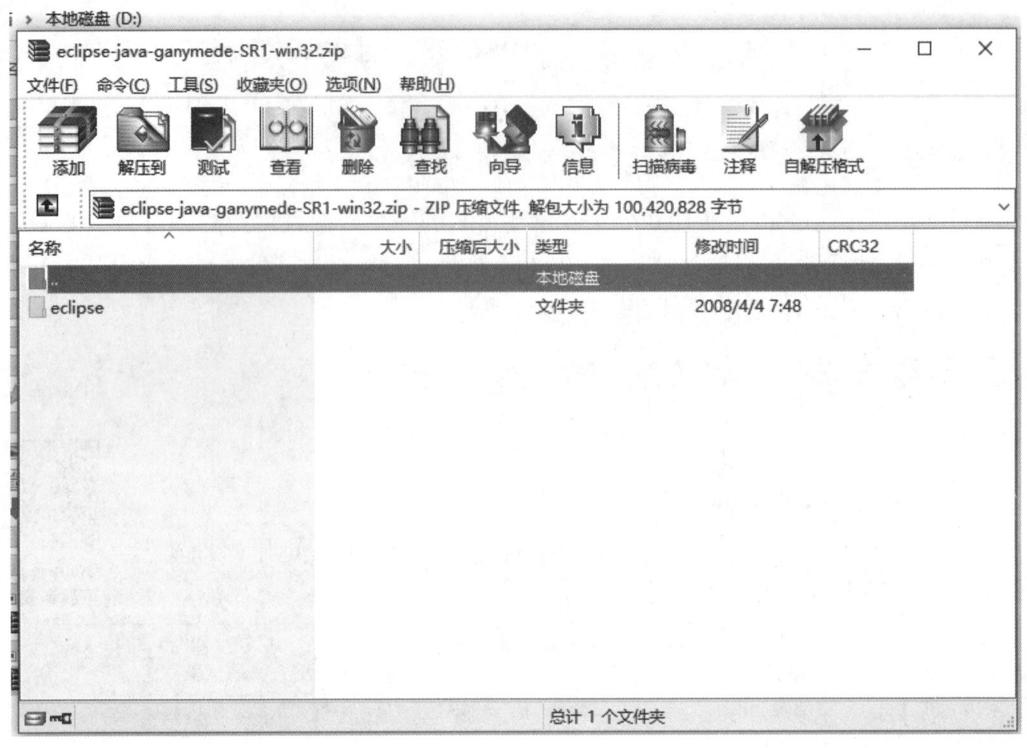

图 1.22　将 Eclipse 解压到 D 盘

3）运行“eclipse. exe”文件

进入目录“D:\eclipse”（图 1.23），双击运行“eclipse. exe”文件，弹出图 1.24 和图 1.25 所示的界面。如果无法运行“eclipse. exe”文件，则说明 JDK 没有安装好，或者 Path 环境变量没有设置正确。

此电脑 › 本地磁盘 (D:) › eclipse

名称	修改日期	类型	大小
configuration	2008/9/23 2:32	文件夹	
dropins	2008/9/23 2:32	文件夹	
features	2008/9/23 2:33	文件夹	
p2	2008/9/23 2:32	文件夹	
plugins	2008/9/23 2:33	文件夹	
readme	2008/9/23 2:32	文件夹	
.eclipseproduct	2008/9/23 2:32	ECLIPSEPRODUC...	1 KB
artifacts.xml	2008/9/23 2:32	XML 文件	40 KB
eclipse.exe	2008/9/23 2:32	应用程序	56 KB
eclipse.ini	2008/9/23 2:32	配置设置	1 KB
eclipsec.exe	2008/9/23 2:32	应用程序	28 KB
epl-v10.html	2008/9/23 2:32	SogouExplorer ...	17 KB
notice.html	2008/9/23 2:32	SogouExplorer ...	7 KB

图 1.23　运行“eclipse. exe”文件

图 1.24　Eclipse 启动界面

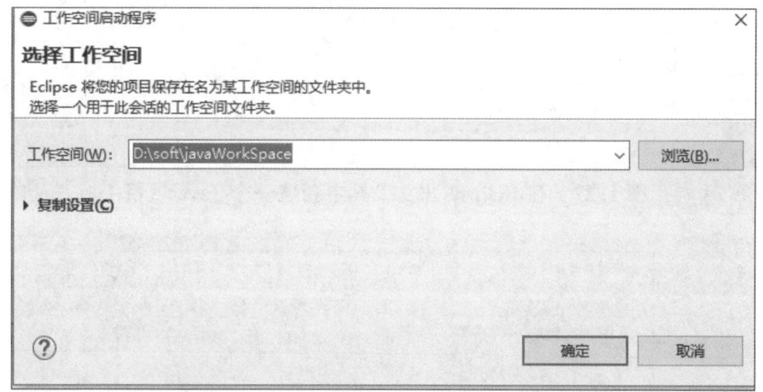

图 1.25　"工作空间启动程序"对话框

2. 使用 Eclipse 开发 Java 程序的步骤

使用 Eclipse 开发 Java 程序的步骤如图 1.26 所示。

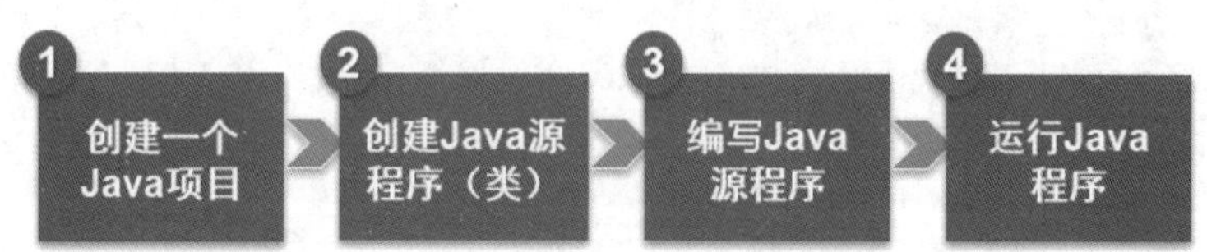

图 1.26　使用 Eclipse 开发 Java 程序的步骤

1.3.3　任务实施

1. 创建一个 Java 项目

用 Eclipse 创建一个 Java 项目

（1）在 Eclipse 开发工具中新建一个 Java 项目，如图 1.27 所示。

（2）设置项目名称为"mywater"，如图 1.28 所示。

（3）单击"完成"按钮，即可建立一个名称为"mywater"的 Java 项目，如图 1.29 所示。

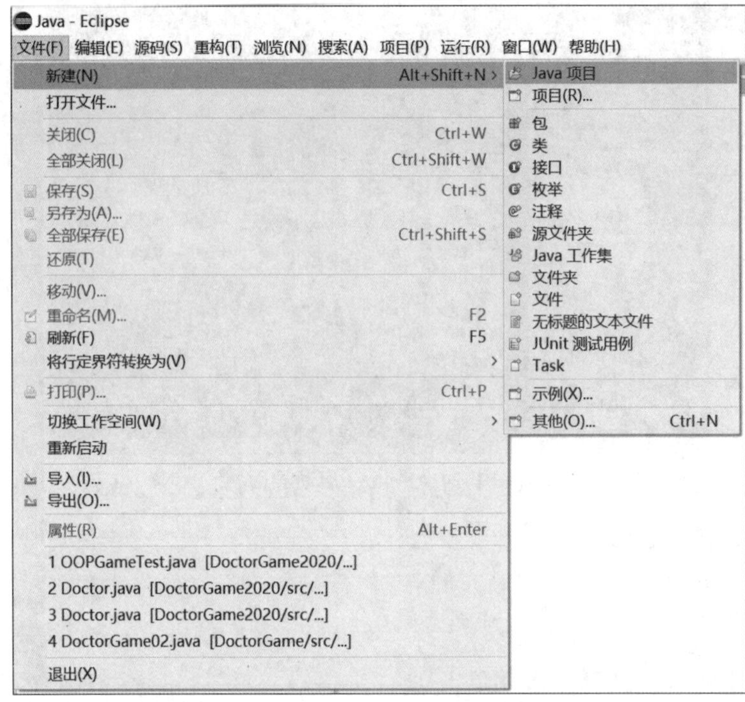

图 1.27 在 Eclipse 开发工具中新建一个 Java 项目

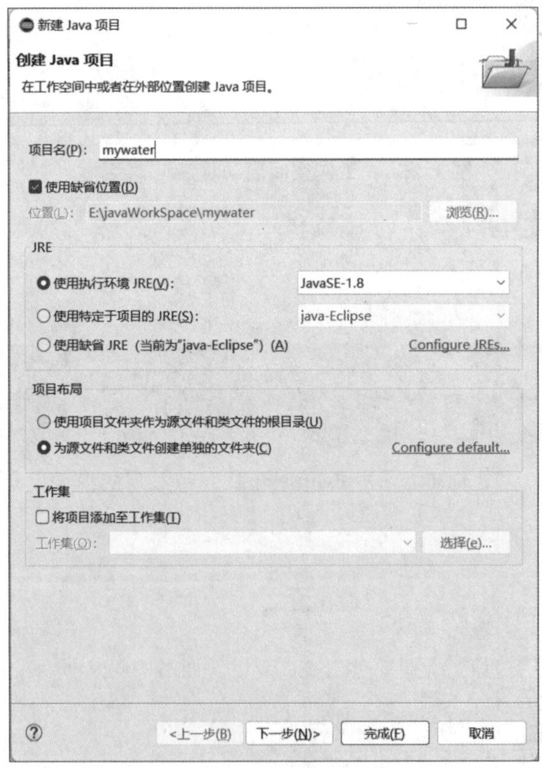

图 1.28 设置项目名称

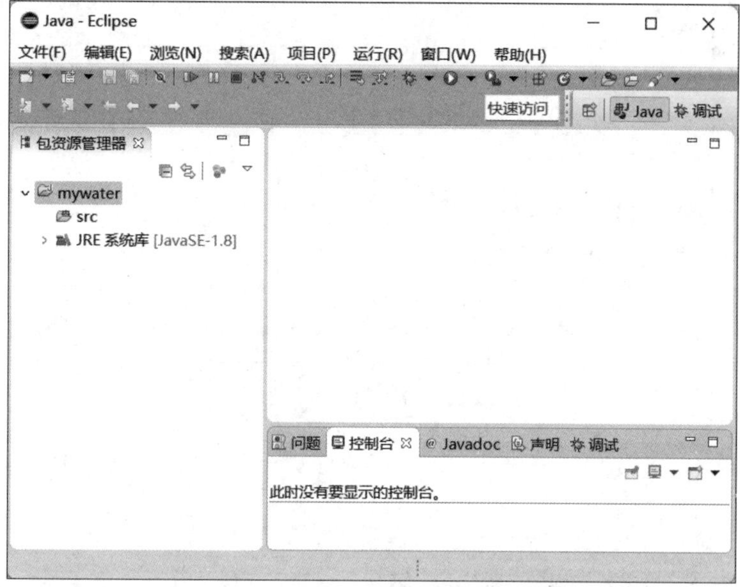

图 1.29　Java 项目 “mywater” 创建完成

2. 创建 Java 源程序（类）

（1）在 “mywater” → “src” 文件夹中新建一个类 class，如图 1.30 所示。

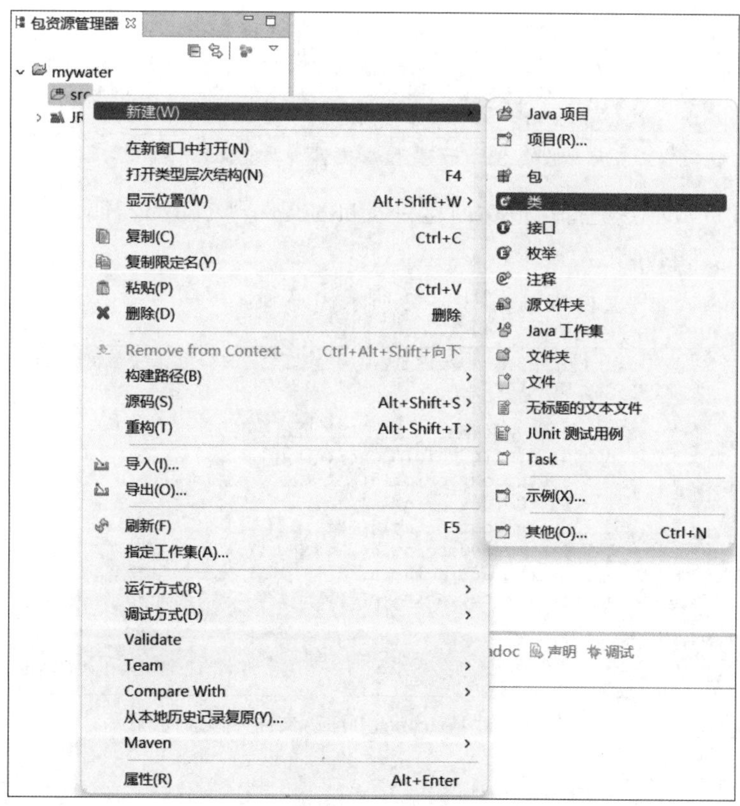

图 1.30　新建类

（2）新建一个 Java 文件，即类文件“Welcome. java”，如图 1. 31 所示。

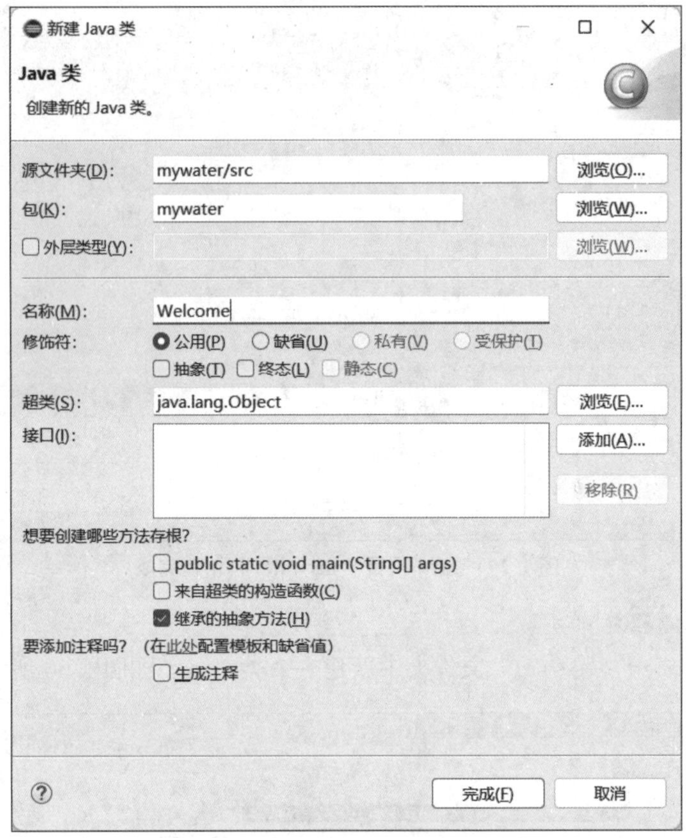

图 1. 31　新建 Java 文件（类文件）

（3）单击“完成”按钮即可成功创建一个 Java 文件“Welcome. java”。

3. 编写 Java 源程序

在“Welcome. java”文件中输入图 1. 32 所示代码。

Welcome.java

```
package mywater;

public class Welcome {
    public static void main(String[] args) {
        System.out.println("***欢迎登录水情查询系统平台***");
        System.out.println("\n\t1.登录");
        System.out.println("\t2.注册");
        System.out.println("\t3.退出");
        System.out.println("**********************");
        System.out.println("请选择(1-3)，输入数字：");
    }
}
```

图 1. 32　在“Welcome. java”文件中输入代码

4. 运行 Java 程序

单击鼠标右键，选择“运行方式”→“Java 应用程序”命令，如图 1. 33 所示。

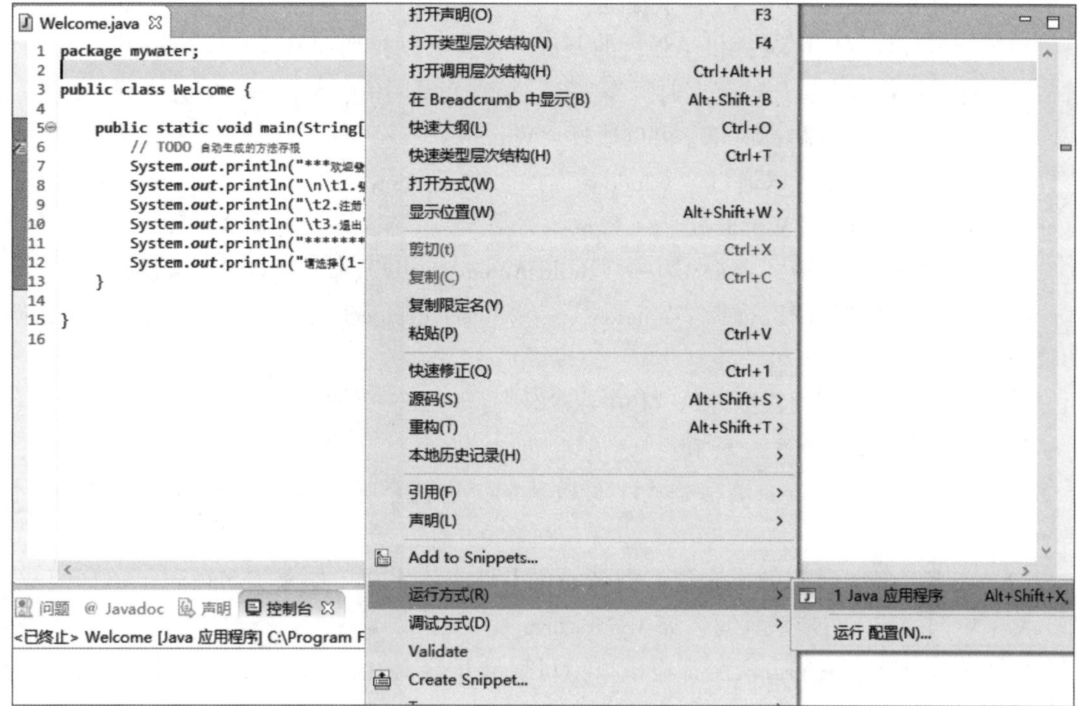

图 1.33　运行 Java 程序

程序运行结果如图 1.34 所示。

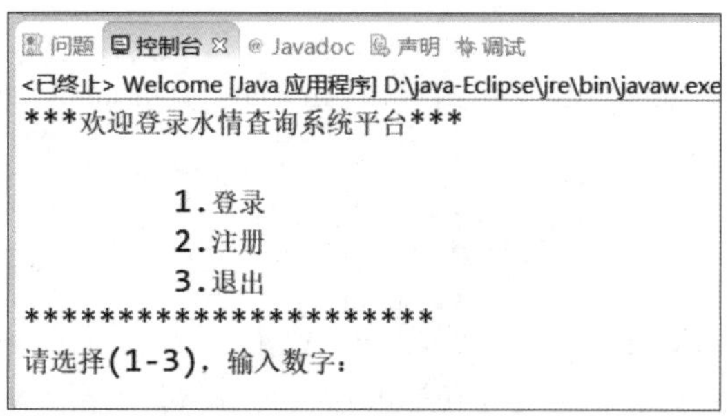

图 1.34　程序运行结果

5. 使用 Eclipse 开发 Java 程序的技巧

（1）创建和管理项目。在 Eclipse 中可以使用“New Project”向导新建 Java 项目。一旦创建了 Java 项目，就可以使用“Package Explorer”视图管理 Java 项目的文件和资源。还可以使用“src”文件夹组织 Java 源代码。

（2）使用代码自动补全和提示功能。Eclipse 提供了强大的代码自动补全和提示功能，可以显著提高编码速度。在输入代码时，按“Ctrl + Space”组合键会触发代码自动补全和提示功能。

（3）使用快捷键。熟悉并使用一些 Eclipse 快捷键可以提高开发效率。例如，使用“Ctrl + Shift + R”快捷键可以快速查找和打开任何资源文件；使用“Ctrl + Shift + T”快捷键可以查找并打开 Java 类；需要输出语句时可以输入“syso”后按“Alt + /”快捷键补全；编写单行注释时可以使用“Ctrl + /”快捷键。

(4) 调试程序。Eclipse 提供了强大的调试工具，可以找到并修改程序的错误。可以通过在代码行上设置断点、运行程序时暂停执行、检查变量的值、单步执行等方式调试程序。

(5) 显示窗口。控制台窗口、可以通过“Windows”→“Show View”→“Console”命令打开；包资源管理器可以通过“Windows”→“Show View”→“Package Explorer”命令打开；导航器可以通过“Windows”→“Show View”→“Navigator”命令打开。

(6) 自动编译。选择“Project”→“Build Automatically”命令可以进行自动编译。

(7) 对于混乱的视图，选择“Window”→“Reset Perspective”命令可将其恢复成初始的状态。

(8) 打开快速视图的快捷键是“Ctrl + O”。

6. 编写 Java 程序的注意事项

(1) 大小写敏感。Java 语言是大小写敏感的，这就意味着标识符 Hello 与 hello 是不同的。

(2) 类名。对于所有的类来说，类名的首字母应该大写。如果类名由若干单词组成，那么每个单词的首字母应该大写，如 MyFirstJava。

(3) 方法名。所有的方法名都应该以小写字母开头。如果方法名含有若干单词，则后面的每个单词首字母应大写。

(4) 源文件名。源文件名必须和类名相同。在保存文件的时候，应该使用类名作为文件名（切记 Java 语言是大小写敏感的），文件名的后缀为“. java”（如果文件名和类名不相同则会导致编译错误）。

(5) 主方法入口。所有的 Java 程序都由 public static void main（String[ ] args）方法开始执行。

1.3.4 任务总结

至此，本任务用 Eclipse 完成了一个简单的 Java 程序的编写。Eclipse 是由 IBM 公司开发的 Java 的 IDE，可以提高开发效率。打开 Eclipse 后，通过使用“New Project”向导可以快速创建一个项目，并且自动生成 main( ) 方法。如果程序的语法、单词有错误，Eclipse 也会进行提示。

任务 1.4 编写水情查询系统主菜单界面

1.4.1 任务分析

根据任务描述，观察图 1.35 可知，水情查询系统主菜单界面由若干行文本内容组成。主菜单界面的展示功能可以通过多个 System. out. println( ) 函数完成，每个函数负责输出一行文本内容。

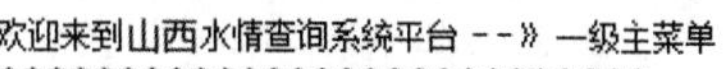

图 1.35　水情查询系统主菜单界面

1.4.2　知识准备

（1）熟悉使用 Eclipse 开发 Java 程序的步骤（图 1.26）。

（2）了解包（package）。为了更好地组织类，Java 语言提供了包机制，用于区别类名的命名空间。

包的作用如下。

①把功能相似或相关的类或接口组织在同一个包中，方便类的查找和使用。

②如同文件夹，包也采用了树形目录存储方式。同一个包中的类名是不同的，不同包中的类名是可以相同的，当同时调用两个不同包中相同类名的类时，应该加上包名加以区别。因此，包可以避免命名冲突。

包也限定了访问权限，拥有包访问权限的类才能访问某个包中的类。

Java 使用包机制是为了防止命名冲突，进行访问控制，搜索和定位类（class）、接口、枚举（enumerations）和注释（annotation）等。

包语句的语法格式为：

```
package pkg1[.pkg2[.pkg3…]];
```

1.4.3　任务实施

结合任务分析的思路编写代码，实现水情查询系统主菜单界面，具体代码如下（图 1.36）。

```
新建 java 项目:waterinfo
新建包:cn.waterinfo.level02
新建类:MainMenu
编写代码:
System.out.println("\n欢迎来到山西水情查询系统平台 --》一级主菜单");
System.out.println("**************************** ");
System.out.println("\t1. 信息收集服务");
System.out.println("\t2. 水情查询服务");
System.out.println("\t3. 报汛服务");
System.out.println("请选择,输入数字:");
System.out.println("**************************** ");
System.out.println("请选择(1-3),输入数字:");
```

```java
package cn.waterinfo.level02;

public class MainMenu {

    public static void main(String[] args) {
        /*
         * 使用eclipse开发水情业务系统一级主菜单
         * （eclipse软件、输出语句、\t、\n）
         */

        System.out.println("\n欢迎来到山西水情查询系统平台 --》 一级主菜单");
        System.out.println("****************************");
        System.out.println("\t1.信息收集服务");
        System.out.println("\t2.水情查询服务");
        System.out.println("\t3.报汛服务");
        System.out.println("请选择，输入数字：");
        System.out.println("****************************");
        System.out.println("请选择(1-3)，输入数字：");
    }

}
```

图 1.36　水情查询系统主菜单界面代码

水情查询系统主菜单界面代码运行结果如图 1.37 所示。

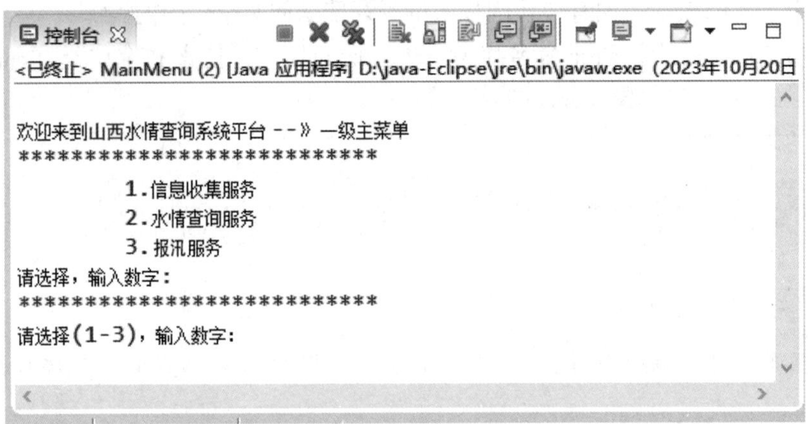

图 1.37　水情查询系统主菜单界面代码运行结果

1.4.4　任务总结

至此，本任务用 Eclipse 完成了水情查询系统主菜单界面的设计开发，也掌握了 System. out. println( ) 函数的使用方法，对 Java 程序的开发步骤也更加熟悉。

【项目评价】

项目分值比		考核方式	评价标准（掌握程度）				
			优	良	中	及格	不及格
线上考核（30%）	10%	章节测验	≥90 分	80（含）~90（不含）分	70（含）~80（不含）分	60（含）~70（不含）分	<60 分
	10%	音视频	≥90 分	80（含）~90（不含）分	70（含）~80（不含）分	60（含）~70（不含）分	<60 分
	10%	讨论次数	≥90 分	80（含）~90（不含）分	70（含）~80（不含）分	60（含）~70（不含）分	<60 分
线下考核（40%）	5%	课堂提问	≥90 分	80（含）~90（不含）分	70（含）~80（不含）分	60（含）~70（不含）分	<60 分
	5%	随堂测验	≥90 分	80（含）~90（不含）分	70（含）~80（不含）分	60（含）~70（不含）分	<60 分
	30%	4 个任务	≥90 分	80（含）~90（不含）分	70（含）~80（不含）分	60（含）~70（不含）分	<60 分
实战练习（30%）	30%	实战练习	≥90 分	80（含）~90（不含）分	70（含）~80（不含）分	60（含）~70（不含）分	<60 分
合　计		100%					

【项目小结】

通过本项目的学习，读者了解了水情查询系统的功能和特点，明白了程序是为了让计算机执行某些操作或解决某个问题而编写的一系列有序指令的集合。开发一个 Java 程序的基本步骤是：编写源程序，然后编译和运行。源程序是以“.java”为后缀，源程序编译后生成的文件以“.class”为后缀。编写 Java 程序要符合 Java 编程规范。为程序编写注释可以大大增加程序的可读性。使用 Eclipse 有助于提高 Java 程序的开发效率。

【实战练习】

一、单选题

1. 下列说法中正确的是（　　）。

A. Java 程序的 main( )方法必须写在类里面

B. Java 程序中可以有多个 main( )方法

C. Java 程序中类名必须与文件名一致

D. Java 程序的 main( )方法中如果只有一条语句，则可以不用 { }（大括号）括起来

2. 下列关于变量命名规范的说法中正确的是（　　）。

A. 变量由字母、下划线、数字、“ $ ”符号随意组成

B. 变量不能以数字开头

C. G 和 g 在 Java 程序中是同一个变量

D. 不同类型的变量可以使用相同的名称

3. 下列 Java 文本注释正确的是（　　）。

A. /＊我爱北京天安门＊/

B. //我爱北京天安门＊/

C. /＊＊我爱北京天安门/

D. /＊我爱北京天安门＊＊/

4. 在 Java 语言中，最基本的元素是（　　）。

A. 方法　　B. 包　　C. 对象　　D. 接口

5. Java 程序的入口方法是（　　）。

A. start()　　B. init()　　C. paint()　　D. main()

二、简答题

1. 简述 Java 语言的应用领域。

2. 简述 Java 语言的优点和缺点。

3. 简述 Java 语言可以跨平台的原因。

4. Java 程序的编写和执行的步骤是什么？

5. 请根据水情查询业务编写程序，输出核心菜单，要求程序运行结果如图 1.38 所示。

```
欢迎来到山西水情查询系统平台 --》 一级主菜单
****************************
          1.信息收集服务
          2.水情查询服务
          3.报汛服务
请选择，输入数字:
****************************
请选择(1-3)，输入数字:
```

图 1.38　程序运行结果（核心菜单）

项目二 水情查询系统数据收集与展示

项目一介绍了水情查询系统开发环境的配置，以及如何在记事本和 Eclipse 环境中创建 Java 程序，编写水情查询系统欢迎界面和主菜单界面，使读者对 Java 编程有了感性的认识。

【项目描述】

本项目介绍水情查询系统数据收集与展示，数据的收集与展示，不仅要学习“词汇”(变量、关键字、运算符等)，还要使用它们完成水情查询系统的用户注册及雨情数据采集与计算功能。

【学习目标】

1. 素质目标

(1) 提升理论联系实际的软件开发能力。

(2) 培养创新思维和编程能力。

(3) 提高对软件工程的认知和实践能力。

(4) 培养良好的团队协作精神和持续学习能力。

(5) 培养良好的编程习惯。

2. 知识目标

(1) 了解 Java 语言的基本数据类型及其特点。

(2) 掌握基本数据类型的声明和使用方法。

(3) 掌握变量与常量的使用方法。

(4) 掌握运算符、表达式的使用方法。

(5) 掌握控制台输入与输出。

3. 能力目标

(1) 能够正确地使用基本数据类型进行变量的定义和赋值。

(2) 能够根据实际需求选择合适的基本数据类型。

(3) 能够正常声明和使用常量与变量。

(4) 能够灵活运用各种运算符和表达式。

(5) 能够利用 Scanner 类输入数据。

(6) 能够利用 print( ) 方法格式化输出变量。

【学习任务】

任务 2.1　水情查询系统用户注册——变量

2.1.1　任务分析

在水情查询系统欢迎界面中，可以根据登录菜单的提示，开启用户注册功能，系统会将用户注册信息写入后台数据库。对于初学者，本任务主要是将用户信息在控制台中进行输入和输出。以 admin 信息为例，用户注册功能如图 2.1 所示。

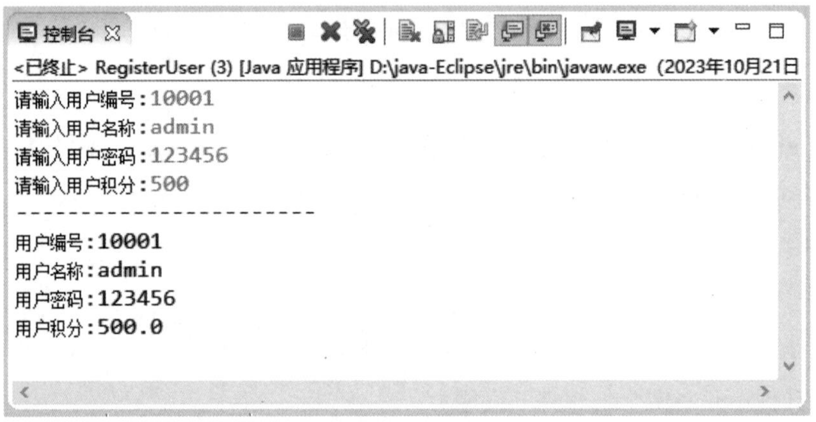

图 2.1　用户注册功能

2.1.2　知识准备

1. 标识符和关键字

1）标识符规则

标识符是给程序中的变量、类、方法命名的符号。其命名规则如下。

（1）标识符可以由字母、数字、下划线和“＄”符号组成，其中首字符不能为数字。

（2）标识符不能是 Java 语言的关键字和保留字。

2）关键字

Java 语言中具有特殊用途的单词称为关键字（表 2.1）。Java 语言的所有关键字都是小写的，TRUE、FALSE 和 NULL 都不是 Java 语言的关键字。

表 2.1　Java 语言中的关键字

abstract	default	if	private	this
boolean	do	int	protected	throw
break	double	import	public	throws

续表

byte	else	implements	package	try
case	extends	instanceof	return	transient
catch	final	interface	short	void
char	finally	native	strictfp	volatile
class	for	new	static	switch
continue	float	null	super	while
cast	long	synchronized	—	—

除了表 2.1 所示的关键字，Java 语言还有 goto、const 两个保留字。保留字是 Java 语言还未用作关键字，但未来可能用作关键字。Java 语言还有 3 个特殊的直接量：true、false、null。Java 语言的标识符不能使用这两个保留字和这 3 个特殊的直接量。

2. 数据类型

水情查询系统中的数据不计其数，可以把数据分类，例如根据数据是整数还是小数，是一串字符还是单个字符来分类。数据分类示例如下。

姓名：张三、李四、王五；

年龄：18，19，20；

性别：男、女、男；

成绩：95.5，96.5，85.5。

以上示例中，姓名是由一串字符组成的，年龄都是整数，性别是由单个字符组成的，成绩是由带小数部分的数字组成的。

如何在程序中表示不同类型的数据？Java 语言定义了许多数据类型。表 2.2 所示为常用的 Java 数据类型。

表 2.2 常用的 Java 数据类型

数据类型	说明	举例
int	整型	用于存储整数 如一天的时间是 24 小时，一年有 365 天
double	双精度浮点型	用于存储小数 如手机的价格是 5 200.5 元，手机待机时间是 6.5 小时
char	字符型	用于存储单个字符 如性别'男'、'女'，电灯'开'、'关'
String	字符串型	用于存储一串字符 如手机品牌是"华为"，家庭住址是"山西 太原"

另外，Java 语言中还有布尔型（bool）数据：true 和 false。

整型数据示例如下。

```
Java
public class DataTypeExamples {
    public static void main(String[] args) {
        //整型变量声明与初始化
        byte tinyNum = 127; //最小值-128,最大值127
        short smallNum = 32767; //最小值-32768,最大值32767
        int normalNum = 2147483647; //最小值-2^31,最大值2^31-1
        long bigNum = 9223372036854775807L; //最小值-2^63,最大值2^63-1

        //执行一些基本运算
        int sum = normalNum + smallNum;
        System.out.println("Sum of normalNum and smallNum: " + sum);
    }
}
```

浮点型数据示例如下。

```
Java
public class DataTypeExamples {
    public static void main(String[] args) {
        //浮点型变量声明与初始化
        float singlePrecision = 3.14f; //单精度浮点数
        double doublePrecision = 3.14159265358979323846; //双精度浮点数

        //计算圆面积
        double radius = 5.0;
        double circleArea = Math.PI * Math.pow(radius, 2);
        System.out.println("Circle area with radius " + radius + " is: " + circleArea);
    }
}
```

字符型数据示例如下。

```
Java
public class DataTypeExamples {
    public static void main(String[] args) {
        //字符型变量声明与初始化
        char letterA = 'A'; //Unicode 字符
        char symbol = '\u00A9'; //版权符号

        System.out.println("The ASCII value of letter A is: " + (int) letterA);
        System.out.println("Symbol: " + symbol);
    }
}
```

布尔型数据示例如下。

```java
Java
public class DataTypeExamples {
    public static void main(String[] args) {
        //布尔型变量声明与初始化
        boolean isTrue = true;
        boolean isFalse = false;

        if (isTrue) {
            System.out.println("This statement is true.");
        } else {
            System.out.println("This statement is false.");
        }
    }
}
```

(引用数据类型)：

字符串数据示例如下。

```java
Java
public class DataTypeExamples {
    public static void main(String[] args) {
        //字符串(String)是引用数据类型
        String greeting = "Hello, World!";
        System.out.println(greeting.length());
        greeting = greeting.concat(", from Java!");
        System.out.println(greeting);
    }
}
```

3. 变量

变量

计算机使用内存来记忆计算时所使用的数据。如果想获取内存单元中的数据，可以通过变量实现。这就好比取快递包裹，内存相当于货架，内存中存储的数据相当于快递包裹。变量相当于快递包裹上的标签，取快递包裹时无须知道快递包裹在货架的哪个位置，只需要知道其标签的单号即可。

不同数据存入具有不同内存地址的空间，相互独立。将数据存入内存后，如何找到存入的数据？相关规则如下。

（1）数据在内存中占据一个存储区域。

（2）该存储区域有自己的名称（变量名）和类型（数据类型）。

（3）该存储区域中的数据可以在同一类型范围内不断变化。

使用变量就像在停车场中通过车位编号寻找车辆，计算机通过变量名找到数据存储的位置，它们的对应关系如图 2.2 所示。

下面介绍变量的声明及使用。

在 Java 语言中，所有变量在使用前必须声明。声明变量的基本语法格式如下。

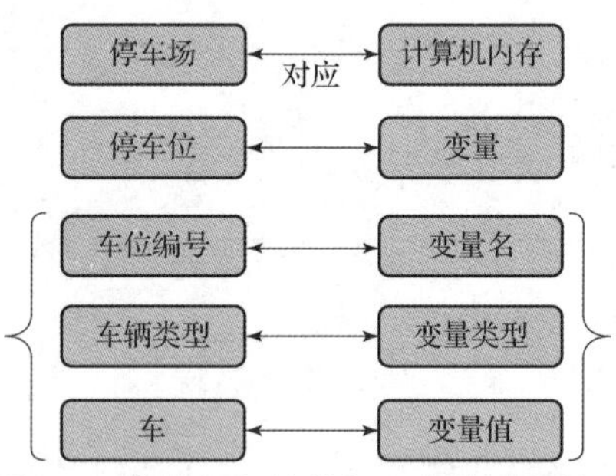

图 2.2　停车场与计算机内存的对应关系

```
数据类型 变量名 =value[,变量名 =value …];
```

说明：[ ] 中的内容可有可无，可以使用逗号分隔以声明多个同类型的变量。变量声明示例如下。

```
int money; //声明整型变量 money 用于存储钱
String name;
char sex;
double score;
```

注意：有些变量声明包含了变量初始化过程，如图 2.3 所示。

```

public class MyVariable {

    public static void main(String[] args) {
        int money; // 声明一个money变量
        money = 1000; // 给money变量赋值
        System.out.println(money);

        int age = 20; // 声明一个age变量同时赋值，也叫初始化age变量
        System.out.println(age);
    }
}
```

图 2.3　变量初始化过程

4. 常量

常量

在 Java 语言中，常量是一个特殊的变量，它的值在程序编译期间就已经确定，并在整个程序运行过程中保持不变。在 Java 语言中常量有明确的定义方式和使用规范，以下是一些关于 Java 语言中定义和使用常量的关键点：

1）定义常量的方式

（1）通过 final 关键字声明变量。在 Java 编程中，常量通常通过 final 关键字进行声明。这表明该变量一旦被赋值后就不能修改。示例如下。

```
Java
public class ConstantsExample {
    public static final String COMPANY_NAME = "ACME Corporation";
    public static final double PI = 3.14159265358979323846;
    public final int MAX_VALUE = 100; //实例级别常量
}
```

上述代码定义了 3 个常量：一个字符串常量 COMPANY_NAME、一个双精度浮点数常量 PI，以及一个实例级别常量 MAX_VALUE。

（2）通过接口声明常量。由于 Java 8 以前的接口中的变量默认是 public static final，所以在接口中声明的变量实际上也是常量，且能够在不创建接口实例的情况下被其他类直接引用。示例如下。

```
Java
public interface MathConstants {
    double PI = 36.14159265358979323846;
    int EULER_NUMBER = 2;
}
```

2）常量命名规范

常量名应全部大写，每个单词间用下划线分隔，如 MAX_VALUE 或 API_VERSION_1_0。

如果常量属于某个特定的类或接口，建议使用类名或接口名作为前缀，以增强可读性和避免命名冲突。

这里举一个生活中的例子。考虑一个物理公式中的常量，例如万有引力常数 *G*。在现实世界中，*G* 的值是一个固定的常数，无论何时何地计算都是一样的。在 Java 程序中，可以像下面这样表示。

```
Java
public class PhysicsConstants {
    public static final double GRAVITATIONAL_CONSTANT = 6.67430e-11; //单位：m^3 kg^-1 s^-2
}
```

3）使用常量的优势

（1）提高代码的可读性。常量名可以提供更有意义的描述，而不是直接使用硬编码的值。

（2）避免错误。由于常量不允许修改，所以可以防止意外修改重要常数值的情况发生。

（3）易于维护。当同一个值需要在多个位置使用时，只需在一个位置定义常量，后期若需更改，也只需要改动一处。

4）注意事项

尽管常量的值不可变，但对于引用类型的常量（如数组或对象引用），引用本身不可变，它指向的对象的状态是可以改变的。

对于静态常量（通过 public static final 声明的常量），可以直接通过类名进行访问，无须实例化类对象，例如：ConstantsExample. COMPANY_NAME。对于实例常量（仅通过 final 关键字声明的常量），需要通过类的实例进行访问。

示例如下。

```
Java
//定义一个名为 Color 的类,其中包含 3 种颜色的常量
public class Color {
    public static final String RED = "#FF0000";
    public static final String GREEN = "#00FF00";
    public static final String BLUE = "#0000FF";

    //示例方法,使用常量
    public static void printColorInfo() {
        System.out.println("Red color code is: " + Color.RED);
    }
}

//在主函数中使用常量
public class Main {
    public static void main(String[] args) {
        Color.printColorInfo(); //输出:Red color code is: #FF0000

        //直接通过类名访问常量
        System.out.println(Color.GREEN); //输出:#00FF00
    }
}
```

在上述示例中，Color 类中定义了 3 种颜色的十六进制代码作为常量。由于它们被声明为 static final，所以不需要创建 Color 类的实例就可以直接通过类名访问它们。这样不仅提高了代码的可读性和维护性，而且保证了这些颜色常量在整个程序运行期间都不会被意外修改。

5. 从控制台获取输入的数据

在很多情况下，需要 Java 程序能够对指定的数据进行计算，这样就需要 Java 程序能够读取输入的数据。可以使用 Java 自带的 Scanner 类从控制台获取输入的数据。

Scanner 类在包 java. util 中。一般在程序代码的最开始引入所有需要用到的包和类。下面尝试引入 Scanner 类，在代码的最前面插入一行，然后书写以下语句。

```
import java.util.Scanner;
```

Java 语言本身并不直接支持控制台输入，因此要使用 Scanner 类创建它的对象，用以读取来自 System. in（即标准输入设备）的数据，这里一般指键盘。具体代码如下。

```
Scanner input = new Scanner (System.in);
```

其中，new Scanner（System. in）表明创建了一个 Scanner 类的对象，而 Scanner input 声明 input 是一个 Scanner 类的对象，这样的对象可以接收来自 System. in 设备的数据。整行代码表明创建了一个 Scanner 对象，并且将它的引用赋给变量 input。Scanner 对象可以调用它自己的方法，接收来自输入设备的数据。

6. 从控制台获取输入的整数

如果声明一个 int 类型的变量 i，然后使用 Scanner 类的 nextInt( )方法来接收数据，且将接收的数据赋给变量 i，则变量 i 中就存放了从输入设备输入的整数。

具体代码如下。

```
int i = input.nextInt () ;
```

下面的示例是接收用户输入的数据且输出平均值。

```
import java.util.Scanner; public class Input_Int
{ public static void main (String args[])
{Scanner sc = new Scanner (System.in);
int i1 = sc.nextint(); int i2 = sc.nextint();
int i3 = sc.nextInt();
System.out.println("您输入的三个整数的平均值为:" + (i1 + i2 + i3) /3);}}
```

输出平均值的结果如图 2.4 所示。

```
80
90
86
您输入的三个整数的平均值为：85
```

图 2.4 接收用户输入的数据并输出平均值的结果

7. 数据类型的转换

1) 自动类型转换（隐式类型转换）

在 Java 语言中，自动类型转换通常为从较窄的数据类型向较宽的数据类型转换①，这种转换由编译器自动完成，不会导致数据丢失。

这里举一个生活中的例子。想象你有一个装有 10 个苹果的小袋子，你想把它放入一个更大的篮子。这个过程就像将较窄的数据类型（如 int）转换为较宽的数据类型（如 long），是一个自然发生的过程。

示例如下。

```
Java
int smallNumber = 123456789;
long bigNumber = smallNumber; //自动转换,不需要额外操作

System.out.println(bigNumber); //输出:123456789
```

在以上示例中，一个 int 类型的变量自动转换为 long 类型，因为 long 的数据范围比 int 更大，所以可以容纳 int 类型的所有可能值。

2) 强制类型转换（显式类型转换）

强制类型转换是将较宽的数据类型转换为较窄的数据类型，这种转换可能导致数据丢失，因此必须在代码中明确指定。如果不安全，编译器会报错。

---

① 这里“较窄”“较宽”指数据范围而言。

这里举一个生活中的例子。如果你有一个装满水的大桶（代表 doublc 类型），你想将大桶中的水倒入一个小杯子（代表 int 类型），则你需要手动倒出适量的水，这可能导致部分水溢出或被忽略。

示例如下。

```
Java
double largeValue = 3.1415926535;
int integerValue = (int) largeValue; //强制转换,可能导致数据丢失

System.out.println(integerValue); //输出 3
```

在以上示例中，double 类型的浮点数 3. 141 592 653 5 被强制转换为 int 类型，结果只保留了整数部分 3，小数部分被丢弃。

计算机进行数据类型转换的原理如下。

（1）自动类型转换。当从较窄的数据类型向较宽的数据类型转换时，计算机简单地将较窄的数据类型的二进制表示扩展到较宽的数据类型所需要的位数上。例如，int 类型（通常为 32 位）转换为 long 类型（通常为 64 位）时，会在低位补零。

（2）强制类型转换。强制类型转换涉及截断或舍弃超出目标类型所能表示的部分。对于数值类型，浮点数转换为整数时，会按照舍弃小数部分的原则进行；对于整数转换为较窄的整数类型，若超出目标类型的最大值，会采取截断的方式，即将超过部分直接裁剪。非数值类型之间的转换通常涉及复杂的逻辑判断和转换规则，例如，char 类型转换为 int 类型时，会根据字符编码表得到相应的整数值。

2.1.3 任务实施

根据任务分析可知，首先需要提示用户通过键盘输入个人基本信息，然后把用户输入的每个值用变量保存起来，最后使用 System. out. println( ) 函数将每行的基本信息输出到控制台。

接下来，结合任务分析的思路编写代码，分步骤实现用户注册功能，具体步骤如下。

（1）创建输入流对象 input。

```
Scanner input = new Scanner(System.in)。
```

（2）调用输入流对象 input 的 next 相关方法，输入数据并存放到变量中。

```
id = input.nextInt();
name = input.next();
password = input.next();
point = input.nextDouble();
```

（3）控制台输出每个变量中保存的信息。

```
System.out.println("用户编号:" + id);
System.out.println("用户名称:" + name);
```

```
System.out.println("用户密码:"+password);
System.out.println("用户积分:"+point);
```

（4）编写具体代码。

```
import java.util.Scanner;
public class RegisterUser {
public static void main(String[] args) {
//用户注册:使用键盘输入用户信息并输出
1.Scanner input = new Scanner(System.in);
2.int id;
3.String name;
4.String password;
5.double point;
6.System.out.println("请输入用户编号:");
7.id = input.nextInt(); //从键盘输入整数
8.System.out.println("请输入用户名称:");
9.name = input.next(); //从键盘输入字符串
10.System.out.println("请输入用户密码:");
11.password = input.next();
12.System.out.println("请输入用户积分:");
13.point = input.nextDouble(); //从键盘输入 double 类型数据
14.System.out.println("------------------------");
15.System.out.println("用户编号:"+id);
16.System.out.println("用户名称:"+name);
17.System.out.println("用户密码:"+password);
18.System.out.println("用户积分:"+point);
19.}
20.}
```

在上述代码中，第 1 行代码定义了一个 Scanner 对象 input，主要用于从键盘输入数据。第 2 行用关键字 int 声明了整型变量 id，第 3 行和第 4 行用关键字 String 声明了字符串变量 name 和 password，第 5 行用关键字 double 声明了小数变量 point。第 7 行、第 9 行、第 11 行分别从键盘接收了整型、字符串和小数形式的用户信息。最后使用 System. out. println( ) 函数输出用户的信息。用户注册功能代码的运行结果如图 2. 5 所示。

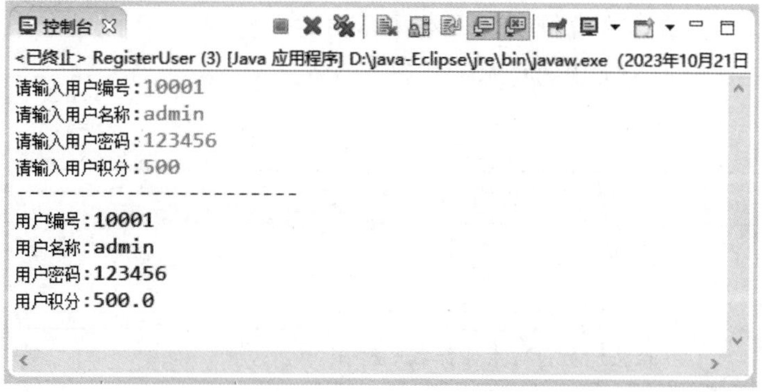

图 2. 5　用户注册功能代码的运行结果

2.1.4 任务总结

到此为止，读者已经掌握了变量的定义和使用，但是可能在编写代码的时候还会出错，要注意变量未赋值时不能使用，命名变量的时候不能重名，而且对于在程序运行过程中允许改变其值的量，通过变量名可以简单快速地找到它所存储的数据。

任务 2.2 水情数据采集与计算——运算符

2.2.1 任务分析

观察图 2.6 可知，雨情数据采集过程与用户注册过程类似，也是用若干个变量存放用户从键盘输入的数据，最后使用 System. out. println( ) 函数将信息输出到控制台，另外本任务还需要实现雨情数据计算功能。

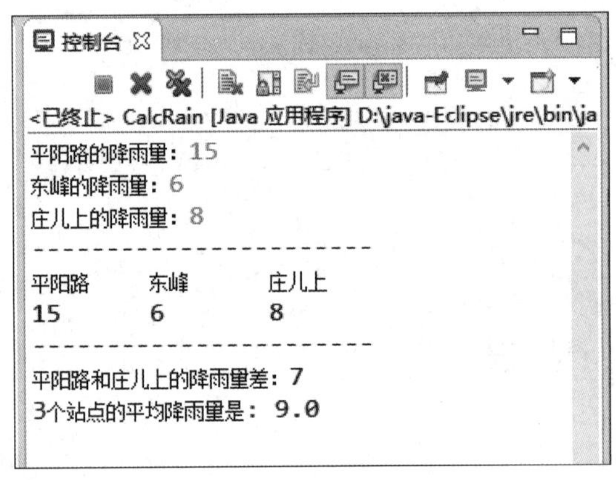

图 2.6 雨情数据采集与计算功能

2.2.2 知识准备

1. 算术运算符

最简单的算术运算是加、减、乘、除。那么，如何编写程序让计算机完成算术运算？Java 语言通过算术运算符实现算术运算功能，它主要使用数值操作数进行算术运算。表 2.3 所示为常用的算术运算符。

表 2.3 常用的算术运算符

算术运算符	说明	举例
+	加法运算符：求操作数的和	2 + 3 = 5
-	减法运算符：求操作数的差	8 - 2 = 6
*	乘法运算符：求操作数的乘积	4 * 3 = 12
/	除法运算符：求操作数的商	5/3 = 1

续表

算术运算符	说明	举例
%	取余运算符：求操作数相除的余数	5%3 = 2
++	自增：操作数的值增加 1	i++ 等价于 i = i + 1
--	自减：操作数的值减少 1	i-- 等价于 i = i - 1

下面使用 Java 语言提供的算术运算符解决一个简单的问题。

从控制台输入李四的数学、语文、英语课程成绩，编写程序求总分和平均分。

程序代码如下。

```
import java.util.Scanner
public class ScoreTest {
public static void main(String[] args) {
        Scanner input = new Scanner(System.in);
        System.out.println("请分别输入李四的三门课程成绩:");
         System.out.print("数学成绩:");
         int math = input.nextInt();  //数学分数
         System.out.print("语文成绩:");
         int chinese = input.nextInt();  //语文分数
         System.out.print("英语成绩:");
         int english = input.nextInt();  //英语分数
         int sum;   //总分   double avg;  //平均分
         sum = math + chinese + english; //计算总分
     avg = (math + chinese + english) /3; //计算平均分
     System.out.println("-------------------------------------");
     System.out.println("数学" + "\t" + "语文" + "\t" + "英语" + "\t" + "总分" + "\t" +
"平均分");
     System.out.println(math + "\t" + chinese + "\t" + english + "\t" + sum + "\t" +
avg);
     System.out.println("-------------------------------------");
  }
  }
```

程序运行结果如图 2.7 所示。

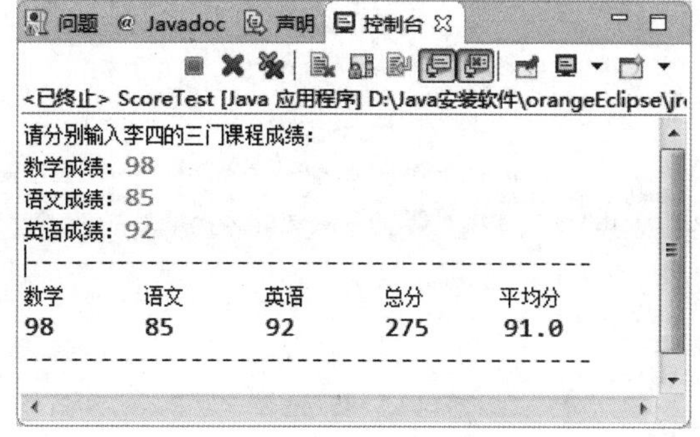

图 2.7 程序运行结果

下面介绍自增/自减运算符。

自增/自减运算符是一种特殊的算术运算符。一般算术运算符需要两个操作数进行运算，而自增/自减运算符只需要一个操作数进行计算。

示例如下。

```
public class selfAddMinus{
    public static void main(String[] args){
        int a = 3;//定义一个变量;
    int b = ++a;//自增运算
    int c = 3; int d = --c;//自减运算
    System.out.println("进行自增运算后的值等于" +b);
    System.out.println("进行自减运算后的值等于" +d);
}}
```

程序运行结果如下。

```
进行自增运算后的值等于4
进行自减运算后的值等于2
```

解析如下。

(1) “int b = ++a;” 拆分运算过程为：a = a + 1 = 4；b = a = 4。最后结果为 b = 4，a = 4。

(2) “int d = --c;” 拆分运算过程为：c = c - 1 = 2；d = c = 2。最后结果为 d = 2，c = 2。

下面介绍前缀自增/自减法和后缀自增/自减法。

(1) 前缀自增/自减法（++a，--a）：先进行自增或者自减运算，再进行表达式运算。

(2) 后缀自增/自减法（a++，a--）：先进行表达式运算，再进行自增或者自减运算。

示例如下。

```
public class selfAddMinus{
 public static void main(String[] args){
        int a = 5;//定义一个变量;
        int b = 5;
        int x = 2 * ++a;
        int y = 2 *b++;
        System.out.println("自增运算符前缀运算后 a=" +a+",x=" +x);
    System.out.println("自增运算符后缀运算后 b=" +b+",y=" +y);
}
 }
```

程序运行结果如下。

```
自增运算符前缀运算后 a =6,x =12
自增运算符后缀运算后 b =6,y =10
```

与之前所介绍的内容不同的是，可以从控制台输入数据，然后把数据存储在已经定义好的变量中，而不是直接在程序中为变量赋值。这种交互是通过以下简单的代码实现的。

```
Scanner input =new Scanner(System.in);
int math = input.nextInt();
```

这两行代码的作用就是通过键盘的输入得到数学成绩。这是 Java 语言所提供的从控制台获取键盘输入的功能，这里获取的是一个整数，因此调用 nextInt( )方法。如果获取的是字符串，则需要调用 next( )方法。需要注意的是，要使用这个功能，必须在 Java 源代码的第一行书写如下语句。

```
   import java.util.Scanner ;
或者
   import java.util. * ;
```

另外，算术运算符的使用基本上和平时进行的加、减、乘、除运算一样，也遵守“先乘除后加减，必要时加上括号表示运算的先后顺序”的原则。要特别注意的是，在使用“/”运算符进行运算时，一定要分清哪部分是被除数，必要时应加上括号。

还要特别注意自增运算符“ ++ ”和自减运算符“ -- ”只需要一个操作数。示例如下。

```
int n1  = 5
int n2  =2;
n1 ++;
n2 --;
```

“n1 ++ ”等价于“n1 = n1 + 1”，“n2 -- ”等价于“n2 = n2 - 1”。因此，经过运算，n1 的结果是 6，n2 的结果是 1。

2. 赋值运算符和条件运算符

赋值运算符是将右侧的表达式或对象赋给左侧的变量。“ = ”是最基本的赋值运算符，此外“ = ”可与算术运算符组合成复合赋值运算符。复合赋值运算符有“ += ”“ -= ”“ *= ”“ += ”等，它们的功能相似。例如，a += b 等价于 a = a + b，a -= b 等价于 a = a - b，诸如此类。

示例如下。

```
a =4; b =2; a +=b;
```

输出 a 和 b 的值，结果如下所示。

```
a 的值为:6
b 的值为:2
```

从上述输出结果可以看出，a 的值变成 a 加 b 的结果，b 的值仍然是 2，没有发生任何改变。

赋值运算符也是双目运算。赋值运算符的功能及示例见表 2.4。

表 2.4　赋值运算符的功能及示例

赋值运算符	功能	示例
=	简单的赋值运算符，将右操作数的值赋给左操作数	C = A + B，把 A + B 的值赋给 C
+=	加和赋值运算符，它把左操作数和右操作数相加赋给左操作数	C += A 等价于 C = C + A
-=	减和赋值运算符，它把左操作数和右操作数相减赋给左操作数	C -= A 等价于 C = C - A
*=	乘和赋值运算符，它把左操作数和右操作数相乘赋给左操作数	C *= A 等价于 C = C * A
/=	除和赋值运算符，它把左操作数和右操作数相除赋给左操作数	C/= A 等价于 C = C/A
%=	取模和赋值运算符，它把左操作数和右操作数取模后赋给左操作数	C%= A 等价于 C = C% A
<<=	左移位赋值运算符	C <<=2 等价于 C = C≤2
>>=	右移位赋值运算符	C >>=2 等价于 C = C≥2
&=	按位与赋值运算符	C&=2 等价于 C = C&2

3. 关系运算符

关系运算符

下面的简单示例程序演示了关系运算符的用法。

```
public class Test {
public static void main(String args[]){
          int a = 10;
          int b =20;
          System.out.println("a ==b = " +(a == b));
          System.out.println("a! =b = " +(a != b));
          System.out.println("a >b = " +(a > b));
          System.out.println("a <b = " +(a < b));
          System.out.println("b >=a = " +(b >= a));
          System,out.println("b <= a = " +(b <= a));
```

程序运行结果如下。

```
a == b = false
a != b = true
a >b = false
a <b = true
```

```
b >=a = true
b <= a = false
```

关系运算符都是二目运算符。表 2.5 所示为 Java 支持的关系运算符的功能及示例，表中的示例假设整数变量 A 的值为 10，整数变量 B 的值为 20。

表 2.5　关系运算符的功能及示例

关系运算符	功能	示例
==	判断两个操作数的值是否相等，如果相等，则条件为真	(A = B) 为假
!=	判断两个操作数的值是否相等，如果值不相等，则条件为真	(A! = B) 为真
>	判断左操作数的值是否大于右操作数的值，如果是，则条件为真	(A > B) 非真
<	判断左操作数的值是否小于右操作数的值，如果是，则条件为真	(A < B) 为真
>=	判断左操作数的值是否大于或等于右操作数的值，如果是，则条件为真	(A >= B) 为假
<=	判断左操作数的值是否小于或等于右操作数的值，如果是，则条件为真	(A <= B) 为真

4. 逻辑运算符

逻辑运算符

逻辑运算符就是表示逻辑关系的运算符。表 2.6 所示为逻辑运算符的功能及示例，假设布尔变量 A 为真，布尔变量 B 为假。

表 2.6　逻辑运算符的功能及示例

逻辑运算符	功能	示例
&&	当且仅当两个操作数都为真时，条件才为真	(A && B) 为假
||	如果两个操作数中的任何一个为真，则条件为真	(A || B) 为真
!	如果条件为真，则运算结果为假	!(A && B) 为真

下面的简单示例程序演示了逻辑运算符的用法。

```
public class Test {
   public static void main(String[] args) {
boolean a = true;
boolean b = false;
System.out.println("a && b = " + (a&&b));
System.out.println("a || b = " + (a||b) );
System.out.println("!(a && b) = " + !(a && b));
}
}
```

程序运行结果如下。

```
a && b = false
a || b = true
!(a && b) = true
```

5. 条件运算符

条件运算符也称为三元运算符。该运算符有 3 个操作数，并且需要判断布尔表达式的值。条件运算符主要用于决定哪个值应该赋值给变量。其语法格式如下。

```
逻辑(关系)表达式? 表达式1:表达式2
```

条件运算符的功能是：若逻辑（关系）表达式的值为 true，则取表达式 1 的值；否则取表达式 2 的值。条件运算符及条件表达式常用语简单分支的取值处理。例如，若已定义 a 和 b 为整型变量且已赋值，求 a 和 b 两个数中的较大者，并赋给另一个变量 max，可以用如下表达式处理。

```
max = (a > b)? a:b;
```

条件运算符用法示例如下。

```
public class ConditionalOperatorExample {
    public static void main(String[] args) {
        //示例1:最基础的条件运算符使用方法
        int score = 85;
        String grade;
        grade = (score >= 90) ? "A" : ((score >= 80) ? "B" : "C"); //若分数大于等于90,则为"A";若分数大于等于80,则为"B";否则为"C"
        System.out.println("Grade: " + grade); //输出:Grade: B

        //示例2:利用条件运算符简化if-else语句
         int x = 10;
         int y = 20;
         int max;
         max = (x > y) ? x : y; //若x大于y,则max为x,否则max为y
         System.out.println("Max value: " + max); //输出:Max value: 20

         //示例3:利用条件运算符更新变量值
         String status;
         boolean isOnline = true;
         status = isOnline ? "在线" : "离线";
         System.out.println("用户状态: " + status); //输出:用户状态: 在线

         //示例4:嵌套的条件运算符
         int age = 15;
         String category;
         category = (age < 12) ? "儿童" : ((age < 18) ? "青少年" : "成人");
         System.out.println("年龄类别: " + category); //输出:年龄类别: 青少年

```

```
        //示例5:利用条件运算符设置默认值
        String playerName = null;
        String defaultName = "匿名玩家";
        String displayName = playerName != null ? playerName : defaultName;
        System.out.println("玩家姓名: " + displayName); //输出:玩家姓名: 匿名玩家
    }
}
```

6. 运算符优先级

当多个运算符出现在一个表达式中时，谁先运算，谁后运算？这涉及运算符优先级的问题。在一个多运算符的表达式中，运算符优先级不同会导致最后得出的结果差别甚大。

表 2.7 所示为运算符优先级。

表 2.7　运算符优先级

<table>
<tr><th>优先级</th><th>运算符</th><th>结合性</th></tr>
<tr><td>1</td><td>( )[ ]</td><td>从左向右</td></tr>
<tr><td>2</td><td>!、+（正）、-（负）、~、++、--</td><td>从右向左</td></tr>
<tr><td>3</td><td>*、/、%</td><td>从左向右</td></tr>
<tr><td>4</td><td>+（加）、-（减）</td><td>从左向右</td></tr>
<tr><td>5</td><td><<、>>、>>></td><td>从左向右</td></tr>
<tr><td>6</td><td><、<=、>=</td><td>从左向右</td></tr>
<tr><td>7</td><td>==　!=</td><td>从左向右</td></tr>
<tr><td>8</td><td>&（按位与）</td><td>从左向右</td></tr>
<tr><td>9</td><td>^（按位或）</td><td>从左向右</td></tr>
<tr><td>10</td><td>|</td><td>从左向右</td></tr>
<tr><td>11</td><td>&&</td><td>从左向右</td></tr>
<tr><td>12</td><td>||</td><td>从左向右</td></tr>
<tr><td>13</td><td>?:</td><td>从右向左</td></tr>
<tr><td>14</td><td>=、+=、-=、*=、/=、%=、&=、|=、^=、~=、<<=、>>=、>>>=</td><td>从右向左</td></tr>
</table>

在 Java 语言中，运算符有不同的优先级。以下是一系列展示不同运算符优先级的示例。

```
Java
public class OperatorPrecedenceExample {

    public static void main(String[] args) {
        int a = 10;
        int b = 20;
        int c = 30;
```

```
        int d = 40;

        //算术运算符
        int result1 = a + b * c; //乘法优先级高于加法,输出 600
        System.out.println(result1);

        //按照括号调整优先级
        int result2 = (a + b) * c; //输出 500
        System.out.println(result2);

        //关系运算符
        boolean result3 = a < b && b <= c; //逻辑与优先级高于小于和小于等于,输出 true
        System.out.println(result3);
        //位运算符
        int result4 = a & b | c; //按照从左到右的顺序执行,输出 14
        System.out.println(result4);
        //按位与(&)和按位或(|)具有相同的优先级,因此从左到右结合
        int result5 = a & (b | c); //输出 10
        System.out.println(result5);
        //赋值运算符
        int result6 = a;
        result6 += b * c; //先乘后加,输出 600
        System.out.println(result6);

        //条件运算符(三元运算符)
        int max = (a > b) ? a : b; //先比较条件再赋值,输出 20
        System.out.println(max);

        //右移运算符
        int shifted = d >> 2; //右移运算符优先级较高,输出 10
        System.out.println(shifted);
    }
}
```

以上示例展示了算术运算符、关系运算符、位运算符、赋值运算符和条件运算符等各类运算符的优先级和结合性。请注意，当运算符具有相同的优先级时，它们会按照从左到右的顺序结合（称为左结合性），除非有括号改变这一顺序。在实际编程中，使用括号明确表达意图是一种良好的编程习惯，即使没有必要，也可以提高代码的可读性。

2.2.3 任务实施

结合任务分析的思路编写代码，分步骤实现雨情数据采集与计算功能，具体步骤如下。

（1）创建输入流对象 input。

```
Scanner input = new Scanner(System.in)。
```

（2）调用输入流对象 input 的 next 相关方法，输入数据并存放到变量中。

```
int pingYangLu = input.nextInt();
```

（3）在控制台输出每个变量中保存的数据。

```
System.out.println(pingYangLu + "\t" + dongFeng + "\t" + zhuangErShang);
```

（4）使用表达式计算各站点的雨情数据。

```
differ = pingYangLu - zhuangErShang;
average = (pingYangLu + dongFeng + zhuangErShang) /3;
```

（5）编写具体代码。

```
import java.util.Scanner;
public class CalcRain {
   public static void main(String[] args) {
/*
* 计算 3 个站点的降雨量
* 1. 平阳路和庄儿上的降雨量之差
* 2.3 个站点的平均降雨量
*/
Scanner input = new Scanner(System.in);
System.out.print("平阳路的降雨量:");
int pingYangLu = input.nextInt(); //输入平阳路的降雨量
System.out.print("东峰的降雨量:");
int dongFeng = input.nextInt(); //输入东峰的降雨量
System.out.print("庄儿上的降雨量:");
int zhuangErShang = input.nextInt(); //输入庄儿上的降雨量
int differ; //降雨量差
double average; //平均降雨量
System.out.println("-----------------------");
System.out.println("平阳路\t 东峰\t 庄儿上");
System.out.println(pingYangLu + "\t" + dongFeng + "\t" + zhuangErShang);
System.out.println("-----------------------");
differ = pingYangLu - zhuangErShang; //计算平阳路和庄儿上的降雨量差
System.out.println("平阳路和庄儿上的降雨量差:" + differ);
average = (pingYangLu + dongFeng + zhuangErShang) /3.0;//计算平均降雨量
System.out.println("3 个站点的平均降雨量是: " + average);
}
}
```

雨情数据采集与计算功能代码的运行结果如图 2.8 所示。

2.2.4 任务总结

读者需要注意运算符优先级。

（1）算术运算符 > 关系运算符 > 逻辑运算符 > 赋值运算符。

（2）在“/”运算符中，若两个操作数都是整型，则结果是整型；只要有一个操作数是小数，结果就是小数。

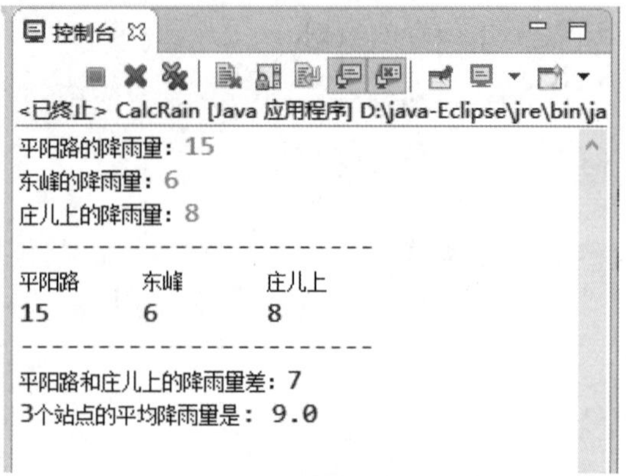

图 2.8　雨情数据采集与计算功能代码的运行结果

（3）当运算符比较多时，可以使用括号改变运算符的执行顺序。

【项目评价】

项目分值比		考核方式	评价标准（掌握程度）				
			优	良	中	及格	不及格
线上考核（30%）	10%	章节测验	≥90 分	80（含）~ 90（不含）分	70（含）~ 80（不含）分	60（含）~ 70（不含）分	<60 分
	10%	音视频	≥90 分	80（含）~ 90（不含）分	70（含）~ 80（不含）分	60（含）~ 70（不含）分	<60 分
	10%	讨论次数	≥90 分	80（含）~ 90（不含）分	70（含）~ 80（不含）分	60（含）~ 70（不含）分	<60 分
线下考核（40%）	5%	课堂提问	≥90 分	80（含）~ 90（不含）分	70（含）~ 80（不含）分	60（含）~ 70（不含）分	<60 分
	5%	随堂测验	≥90 分	80（含）~ 90（不含）分	70（含）~ 80（不含）分	60（含）~ 70（不含）分	<60 分
	30%	2 个任务	≥90 分	80（含）~ 90（不含）分	70（含）~ 80（不含）分	60（含）~ 70（不含）分	<60 分
实战练习（30%）	30%	练习题	≥90 分	80（含）~ 90（不含）分	70（含）~ 80（不含）分	60（含）~ 70（不含）分	<60 分
合　计	100%						

【项目小结】

通过本项目的学习，读者了解了标识符和关键字的种类，明白了数据类型用于区分不同的数据，要为不同类型的数据分配不同大小的内存空间，使用 Scanner 类提供的方法可以从键盘获取输入的信息，还学习了运算符的使用方法及运算符优先级。

【实战练习】

一、单选题

1. 下列数据类型中，哪种数据类型转为 int 类型时需要进行强制类型转换？(　　)

A. byte　　B. short

C. char　　D. float

2. 假定 x 和 y 为整型，其值分别为 16 和 5，则 x/y 的值为（　　）。

A. 3　　B. 2

C. 1　　D. 3.2

3. 表达式(11 +3 * 8)/4%3 的值是（　　）。

A. 31　　B. 0

C. 1　　D. 2

4. 以下有关标识符的说法中正确的是（　　）。

A. 任何字符的组合都可以形成一个标识符

B. Java 语言的保留字也可作为标识符使用

C. 标识符是以字母、下划线或“ $ ”符号开头，后跟字母、数字、下划线或“ $ ”符号的字符组合

D. 标识符不区分大小写。

5. 以下关于变量赋值的说法中错误的是（　　）。

A. 变量只有在赋值后才能使用。

B. boolean 类型变量的值只能是 true 或 false

C. 只有同类型、同精度的值才能赋给同类型、同精度的变量，不同类型、不同精度的需要转换后才能赋值

D. 不同类型、不同精度的变量也能相互赋值，系统会进行自动类型转换。

二、判断题

1. 以下代码运行后，变量 str 的值是“条件不成立”。(　　)

```
int sum =19;
String str = sum >20 ? System.out.print("条件成立") : System.out.print("条件不成立");
```

代码的运行结果是：str 的值是条件不成立

2. 以下代码运行后，变量 num 的值是 3。(　　)

```
int num =10%3;
```

3. 运算符优先级：“+”“-”高于“>”“<”；“>”“<”高于“||”；“||”高于“&&”；“=”最低。(　　)

三、简答题

1. Java 语言的基本数据类型有哪些？
2. “&&”和“&”运算符的区别是什么？
3. 使用 Java 自带的 Scanner 类从控制台获取输入的数据的步骤是什么？

项目三 水情查询系统数据监测

自古以来，水库水情测报和大坝安全监测一直是防汛工作的重要依据，随着我国北斗卫星导航系统的出现，我国水情监测手段正从传统的人工巡视方式向自动化监测方式转变，各类监测预警技术呈现智能化趋势。北斗卫星导航＋智能传感技术在水利行业的应用，为水情监测提供了有力支撑。

【项目描述】

本项目借助北斗卫星导航系统，通过选择不同的站点，展示该站点对应所有监测点的基本部署情况，同时通过监测点的智能传感器进行信息采集和网络传输，在当前页面显示水情查询系统的监测信息。

【项目分析】

本项目需要使用互联网将传感器采集到的数据写入数据库，然后使用前端页面设计知识和后端 Java 知识综合实现完成，而读者目前处于 Java 基础知识学习阶段，其他相关课程还没有学习，因此暂时从键盘输入一些静态数据，实现页面中的部分功能即可。

【学习目标】

1. 素质目标

（1）培养动手能力和创新能力。

（2）培养在生活中自我学习的能力。

（3）具有团队合作精神和良好的语言表达能力。

2. 知识目标

（1）掌握选择结构中判断条件的构成。

（2）掌握 if 选择结构程序设计方法。

（3）掌握多重 if 选择结构程序设计方法。

（4）掌握嵌套 if 选择结构程序设计方法。

（5）掌握 switch 选择结构程序设计方法。

3. 能力目标

（1）能够规范代码格式和变量名。

（2）能够快速、准确地找出问题中的判断条件。

（3）能够综合使用选择结构解决实际问题。

（4）能够分析水情查询系统中数据监测的实现思路。

【学习任务】

任务 3.1 水情数据选择设计——if 分支

3.1.1 任务分析

判断水情查询系统终端是否能正常接收站点对应监测点采集到的数据，如果有正常数据传输，则数据库里将该站点标识为在线状态，否则标识为离线状态。可参考表 3.1 所示的站点采集数据表。

表 3.1 站点采集数据表

站点编号	站点名称	当前状态
41023890	平阳路	在线
41023895	庄儿上	在线
41023970	东峰	离线
41024020	小店	在线
41026130	南马	在线

3.1.2 知识准备

1. 为什么需要 if 选择结构

前面项目中的程序都采用自上而下的顺序，每条语句都会被执行，而且只会执行一次，这种结构就是顺序结构，它只能完成一些简单的操作。

然而，计算机之所以得到广泛的使用，并不在于它能进行简单的顺序操作，更重要的是它能进行逻辑判断，灵活处理问题。在实际生活中，人们经常需要进行逻辑判断，然后决定是否要做某件事。

例如，如果有 20% 的监测点出现故障，就需要给工作人员发出红色警报；如果疫情防控需要居家隔离，老师就开始线上教学，否则继续线下教学，等等。对于这样的问题，需要“先进行条件判断，然后执行语句”，这就是最基本的 if 选择结构。

2. 什么是 if 选择结构

if 选择结构是根据条件判断的结果执行语句的一种语法结构。Java 语言提供了简单的 if 选择结构和 if - else 选择结构，可以实现单分支选择和双分支选择。

1）if 单分支选择结构

if 单分支选择结构流程图如图 3.1 所示。语句执行的过程是：首先对条件进行判断，如果条件为真则执行代码块，否则执行代码块后面的部分。

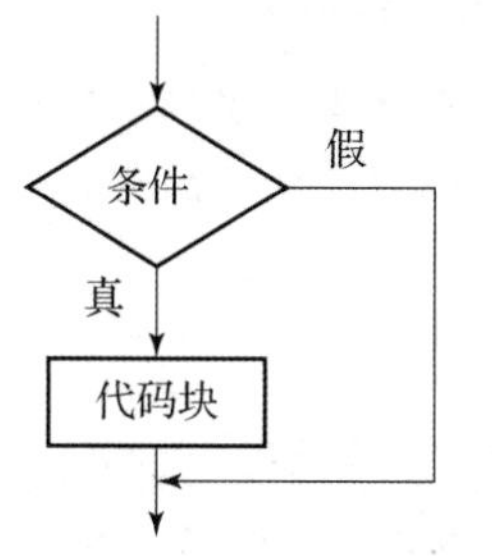

图 3.1　if 单分支选择结构流程图

if 单分支选择结构的语法格式如下。

```
if ( 条件 ) {
    //代码块
}
```

根据语法格式可以看出，if 关键字后面的小括号中是一个条件表达式，只有当条件表达式的值为 true 时，才会执行花括号中的代码块；当条件表达式的值为 false 时，直接执行 if 结构体后面的语句（如果 if 结构体后面有语句），如果 if 结构体后面没有语句，则程序结束。

【示例 3.1】 如果站点有 20% 的监测点出现故障，就需要给工作人员发出红色警报。

分析：这个问题需要的数据实际上是从传感器采集后放在数据库中的，但由于读者还没有学习这方面的课程，所以这里可以暂时从键盘输入数据，然后进行功能实现。具体代码如下。

```
import java.util.Scanner;
public class IfDemo {
    public static void main(String[] args) {
        Scanner sc = new Scanner(System.in);
        System.out.print("请输入站点的总监测点数量:");  //控制台输出提示信息
        int total = sc.nextInt(); //从控制台输入总监测点数量
        System.out.print("请输入故障监测点数量:"); //控制台输出提示信息
        int num = sc.nextInt(); //从控制台输入故障监测点数量
        float rate = (float)num/total;  //计算监测点故障率
        if(rate >= 0.2) {  //判断故障率是否大于等于 20%
            System.out.println("红色警报:请安排工作人员立即维修故障监测点");
        }
    }
}
```

示例 3.1 程序运行结果如图 3.2 所示。通过控制台输入总监测点数量和故障监测点数量，再计算出故障率，然后判断故障率是否大于等于 20%，若条件成立，则输出红色警报，提示请安排工作人员立即维修故障监测点，否则不输出红色警报。通过示例 3.1，可以看出 if 选择结构是先判断后执行的方式。

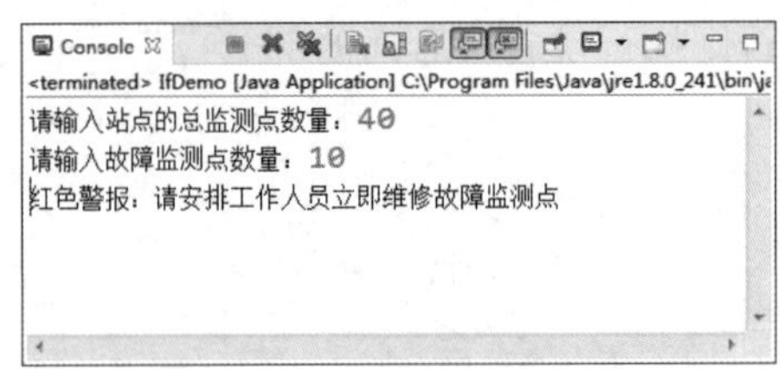

图 3.2　示例 3.1 程序运行结果

【示例 3.2】判断学生成绩：如果张浩同学的 Java 成绩大于 98 分，张浩同学就能获得一个 MP4 播放器作为奖励。具体代码如下。

```
package cn.jbit.ifdemo;
import java.util.Scanner;

public class GetPrize {
    public static void main(String[] args) {
        Scanner input = new Scanner(System.in);
        System.out.print("输入张浩的 Java 成绩: "); //提示输入 Java 成绩
        int score = input.nextInt();   //从控制台获取 Java 成绩
        if ( score > 98 ) {            //判断是否大于 98 分
                System.out.println("老师说:不错,奖励一个 MP4 播放器!");
        }
    }
}
```

上述代码运行后，从控制台输入张浩的 Java 成绩（100 分），通过 if 单分支选择结构，输出“老师说：不错，奖励一个 MP4 播放器！”。示例 3.2 程序运行结果如图 3.3 所示。

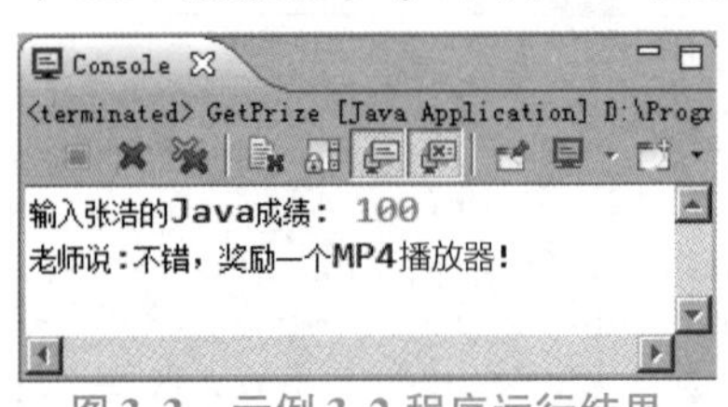

图 3.3　示例 3.2 程序运行结果

【示例 3.3】张浩的 Java 成绩大于 98 分，而且音乐成绩大于 80 分，老师会奖励他；或者 Java 成绩等于 100 分，音乐成绩大于 70 分，老师也会奖励他。

分析：示例 3.3 是使用复杂条件下的 if 单分支选择结构，要将多个条件连接起来，就需要将 if 单分支选择结构和逻辑运算符结合，逻辑运算符使用规则见表 3.2。

表 3.2　逻辑运算符使用规则

逻辑运算符	表达式	说明
&&	条件 1&& 条件 2	只有两个条件同时为真，结果才为真
||	条件 1 || 条件 2	只要两个条件有一个为真，结果就为真
!	! 条件	条件为真时，结果为假； 条件为假时，结果为真

同时，结合运算符优先级——! > 算术运算符 > 比较运算符 > && > ||，可得出具体的奖励条件为：(score1 >98 && score2 > 80) || (score1 == 100 && score2 > 70)。具体代码如下。

```
package cn.jbit.ifdemo;
public class GetPrize2 {
    public static void main(String[] args) {
        int score1 = 100;    //张浩的 Java 成绩
          int score2 = 72;    //张浩的音乐成绩
          if ((score1 >98 && score2 >80) || (score1 ==100 && score2 >70)) {
                System.out.println("老师说:不错,奖励一个 MP4 播放器!");
        }
    }
}
```

上述代码运行后，通过 if 单分支选择结构和逻辑运算符的结合，可输出“老师说：不错，奖励一个 MP4 播放器!”示例 3.3 程序运行结果如图 3.4 所示。

图 3.4　示例 3.3 程序运行结果

练一练 1

如果水库的当前水位超过了供水位，则立即发出红色预警信号。某水库水位监测点如图 3.5 所示。

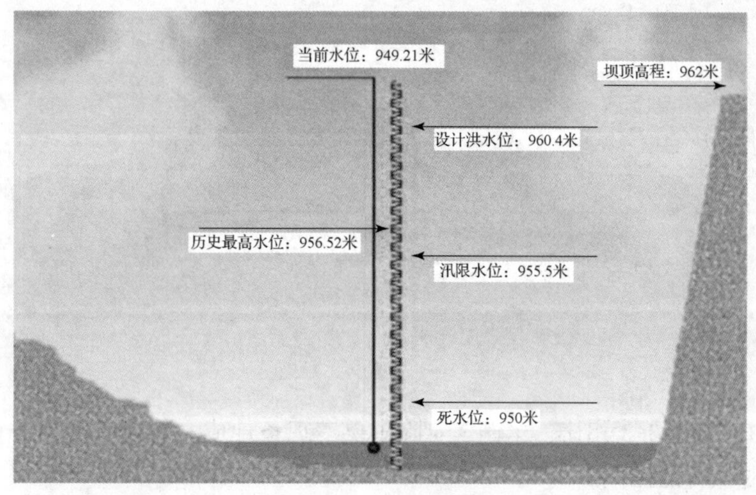

图 3.5　某水库水位监测点

2）if - else 双分支选择结构

if - else 语句是标准的 if 语句，主要用来实现双分支选择结构。if 双分支选择结构流程图如图 3.6 所示。

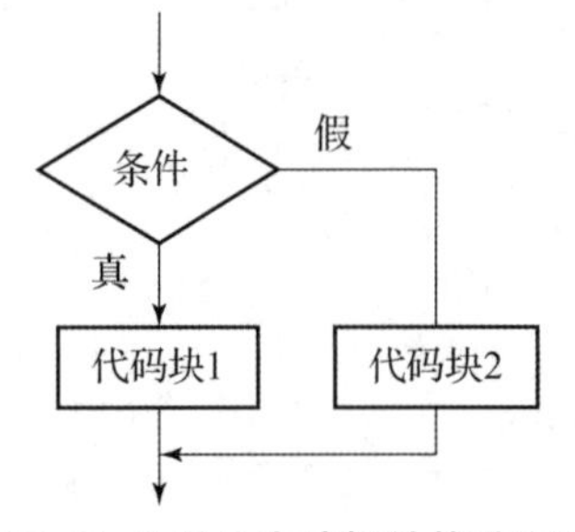

图 3.6　if 双分支选择结构流程图

if - else 双分支选择结构

if - else 语句的执行流程是：首先对条件进行判断，如果条件为真则执行代码块 1，否则执行代码块 2。

其语法格式如下。

```
if (条件) {
     //代码块 1
}else{
     //代码块 2
}
```

从语法格式来看，如果条件为 true，则执行代码块 1，否则执行代码块 2，最后在 if 结构体的后面汇合，如果 if 结构体有后续语句，则执行后续语句，否则程序结束。

【示例 3.4】如果疫情防控需要居家隔离，老师就开始线上教学，否则老师继续线下教学。具体代码如下。

```
import java.util.Scanner;
public class IfElseDemo {
   public static void main(String[] args) {
        Scanner sc = new Scanner(System.in);
        System.out.print("疫情防控需要居家隔离吗(1.需要/2.不需要):"); //提示输入信息
        int isNeed = sc.nextInt(); //从控制台输入疫情防控要求
        if(isNeed ==1) {   //判断是否需要线上教学
              System.out.println("开始线上教学");
        }else {
              System.out.println("继续线下教学");
        }
   }
}
```

与示例 3.1 ~ 示例 3.3 相比，示例 3.4 除了要实现条件成立时执行的操作以外，还要实现条件不成立时执行的操作。

示例 3.4 程序运行结果如图 3.7 所示。

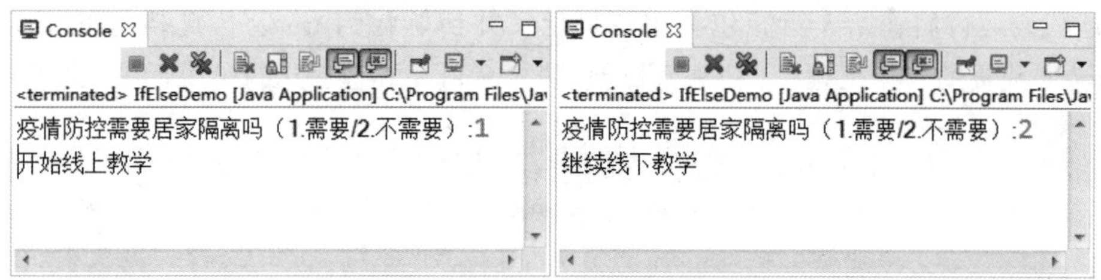

图 3.7　示例 3.4 程序运行结果

【示例 3.5】 如果张浩的 Java 成绩大于 98 分，老师就奖励他一个 MP4 播放器，否则老师就惩罚他进行编码。采用 if 双分支选择结构实现，具体代码如下。

```
package cn.jbit.ifdemo;
public class SimpleIf {
    public static void main(String[] args) {
        int score = 91;   //张浩的 Java 成绩
          if ( score > 98 ) {
                System.out.println("老师说:不错,奖励一个 MP4 播放器!");
          }else{
                System.out.println("老师说:惩罚进行编码!");
          }
    }
}
```

上述代码运行后，输入张浩的 Java 成绩（91 分），通过 if 双分支选择结构，可输出“老师说：惩罚进行编码!”。示例 3.5 程序运行结果如图 3.8 所示。

图 3.8　示例 3.5 程序运行结果

【示例 3.6】 买体彩（体育彩票）：如果体彩中了 500 万元奖金，我买车、资助希望工程、去欧洲旅游；如果没中奖，我买下一期体彩。具体代码如下。

```
public class IfElseTest {
    public static void main(String[] args) {
        boolean isSuc = true;   //体彩中了 500 万元奖金
        if(isSuc){
              System.out.println("我买车");
              System.out.println("我资助希望工程");
              System.out.println("我去欧洲旅游");
        }else{
              System.out.println("我买下一期体彩");
        }
    }
}
```

上述代码运行后，第 3 行布尔类型变量定义并初始化为 true，因此执行 if 语句，输出“我买车”“我资助希望工程”“我去欧洲旅游”。示例 3.6 程序运行结果如图 3.9 所示。

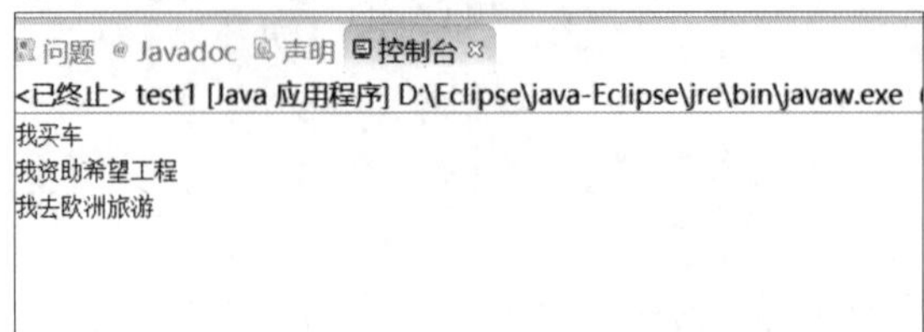

图 3.9　示例 3.6 程序运行结果

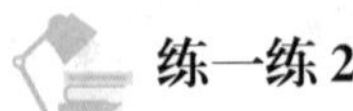

练一练 2

查找官方资料，实现汛期某水库的水位达到防洪水位时则开启阀门放水，否则关闭阀门的功能。

3.1.3 任务实施

1. 实现思路

（1）使用 if 选择结构。

（2）从控制台分别输入站点编号、站点名称。

（3）判断网络的连通情况，按照要求输出站点是否在线。

2. 解决方案

具体代码如下。

```
import java.util.Scanner;
public class IsOnline {
   public static void main(String[] args) {
        Scanner sc = new Scanner(System.in);
        System.out.print("请输入站点编号:");
        String id = sc.next();
        System.out.print("请输入站点名称:");
        String site = sc.next();
        System.out.print("监测点是否网络连通(1:连通 /其他:未连通)");
        int isTrans = sc.nextInt();
        System.out.println("站点编号\t\t站点名称\t当前状态");
        if(isTrans ==1) {
              System.out.println(id + "\t" + site + "\t在线");
        }else {
              System.out.println(id + "\t" + site + "\t离线");
        }
   }
}
```

3. 测试运行

站点状态检测程序运行结果如图 3.10 所示。

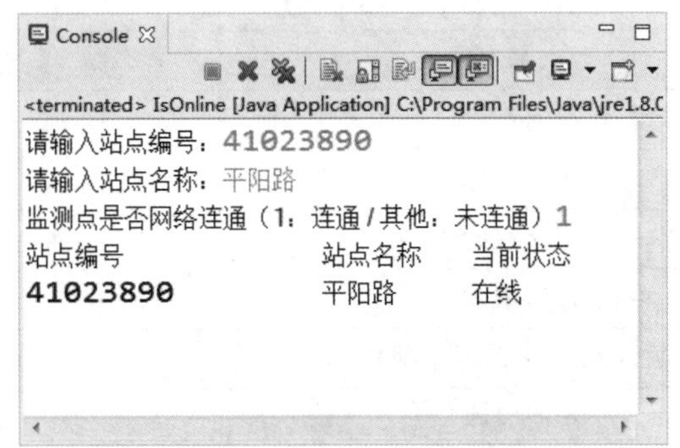

图 3.10　站点状态检测程序运行结果

3.1.4　任务总结

在本任务中，读者需要掌握 if 选择结构（if 单分支选择结构和 if－else 双分支选择结构）。其中 if 选择结构中的条件可以是关系表达式，也可以是逻辑表达式，或者是一个非 0 的数据；“代码块”可以是简单的一条语句，也可以是多条复合语句。当“代码块”是一条语句时，可以省略花括号，但是为了避免有多条语句时遗忘花括号，并保持程序的一致性，建议不要省略“代码块”的花括号。

任务 3.2　水情数据处理——if 多分支选择结构

3.2.1　任务分析

中国水利工程将水库分为 5 个等级，见表 3.3。本任务是通过北斗卫星导航系统和智能传感器监测计算的水库库容来判断水库的等级。

表 3.3　水库等级划分　　立方米

工程规模	总库容
大（1）型	≥10 亿
大（2）型	1 亿~10 亿
中型	1 000 万~1 亿
小（1）型	100 万~1 000 万
小（2）型	10 万~100 万
骨干塘	1 万~10 万
山平塘	1 万以下

山西十大水库各库容量统计情况见表 3.4，分析各水库等级。

表 3.4　山西十大水库各库容量统计情况　　立方米

编号	水库名称	库容量
1	万家寨水库	8.96 亿
2	汾河水库	7.21 亿
3	册田水库	5.8 亿
4	漳泽水库	4.127 亿
5	张峰水库	3.94 亿
6	关河水库（太行龙湖）	1.399 亿
7	汾河二库	1.33 亿
8	后湾水库（宝峰湖）	1.45 亿
9	文峪河水库	1.166 亿
10	云竹水库（云竹湖）	9 845 万

可将库容量分成几个连续的区间进行判断，水库等级分布如图 3.11 所示。

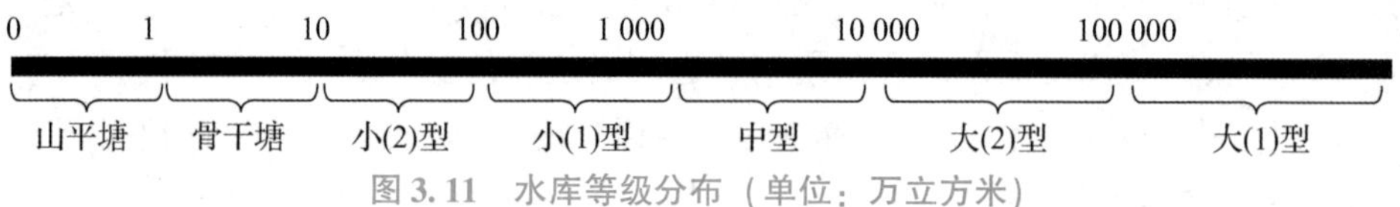

图 3.11　水库等级分布（单位：万立方米）

3.2.2　知识准备

1. 为什么需要 if 多分支选择结构

本任务使用一个 if 单分支选择结构无法完成，而使用多个 if 单分支选择结构实现会使条件的书写非常烦琐。Java 语言中还有一种 if 多分支选择结构，它在解决条件处于连续区间内的问题方面有很大的优势。

2. 什么是 if 多分支选择结构

1）流程图

if 多分支选择结构流程图如图 3.12 所示。

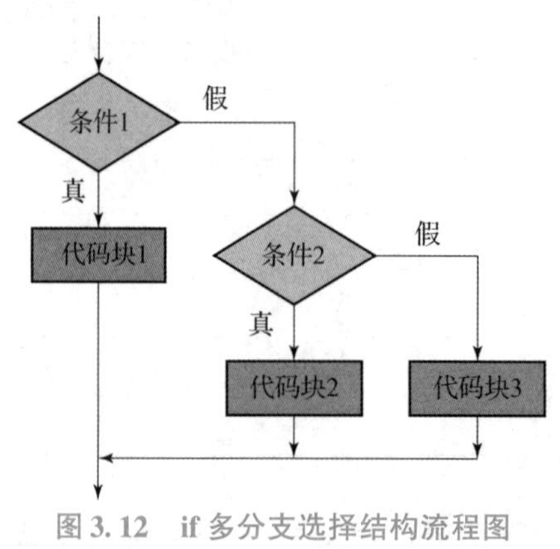

图 3.12　if 多分支选择结构流程图

为什么需要 if 多分支选择结构

2）语法格式

```
if ( 条件1) {
     //代码块1
}else if (条件2) {
     //代码块2
}else {
     //代码块3
}
```

3）执行过程

如果程序判断条件 1 结果为真，则执行代码块 1，代码块 1 执行完毕后不会再判断其他条件，直接执行 if 多分支选择结构以下的代码。

如果条件 1 结果为假，则再次判断条件 2，如果条件 2 为真则执行代码块 2，代码块 2 执行完毕后不会再判断其他条件，直接执行 if 多分支选择结构以下的代码。

如果条件 2 结果为假，则执行代码块 3，代码块 3 执行完毕后，直接执行 if 多分支选择结构以下的代码。

【示例 3.7】 对学生考试成绩进行等级划分。如果分数大于等于 90 分，等级是优秀，如果分数大于等于 80 分但小于 90 分，等级是良好，如果分数大于等于 70 分但小于 80 分，等级是中等，如果分数大于等于 60 分但小于 70 分，等级是及格，如果分数小于 60 分，等级是不及格。具体代码如下。

```
import java.util.Scanner;
public class Demo {
   public static void main(String[] args) {
       Scanner sc = new Scanner(System.in);
           int score = sc.nextInt();
           int grade = 75;
           if(grade >= 90){
              System.out.println("优秀");
           }else if(grade >= 80){
              System.out.println("良好");
           }else if(grade >= 70){
              System.out.println("中等");
           }
              else if(grade >= 60){
                   System.out.println("及格");
                   }else{
                        System.out.println("不及格");
                       }
   }
```

示例 3.7 程序运行结果如图 3.13 所示，通过控制台输入学生成绩后，对该学生成绩进行等级划分。

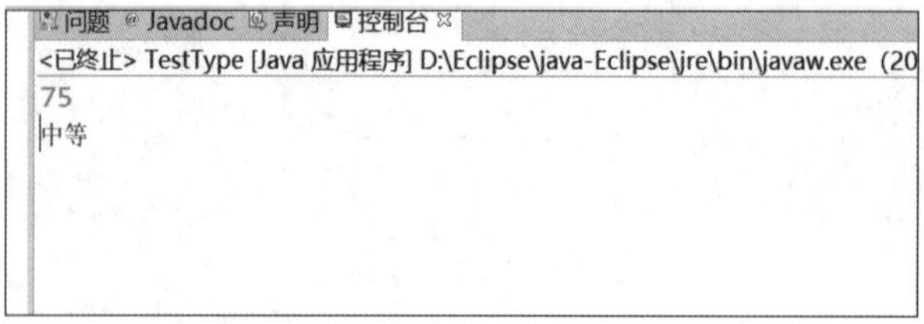

```
问题 @ Javadoc 声明 控制台
<已终止> TestType [Java 应用程序] D:\Eclipse\java-Eclipse\jre\bin\javaw.exe (20
75
中等
```

图 3.13　示例 3.7 程序运行结果

【示例 3.8】用户输入数字，输出对应的英文星期名称。具体代码如下。

```
package demo;
import java.util.Scanner;
   public class test4{
       public static void main(String args[]){
           //用户进行数字的输入,使用 Scanner 类
           Scanner input = new Scanner(System.in);
           System.out.println("请输入一个数字,我来输出对应的英文星期");
           int day = input.nextInt();
           //进行 if 循环
           if(day == 1){
               System.out.println("Monday");
           }else if(day == 2){
               System.out.println("Tuesday");
           }else if(day == 3){
               System.out.println("Wednesday");
           }else if(day == 4){
               System.out.println("Thursday");
           }else if(day == 5){
               System.out.println("Friday");
           }else if(day == 6){
               System.out.println("Saturday");
           }else if(day == 7){
               System.out.println("Sunday");
           }else{
               System.out.println("输入有误,请重新输入,数字范围为 1 -7");
           }
       }
}
```

示例 3.8 程序运行结果如图 3.14 所示，通过控制台输入数字后，输出对应的英文星期名称。

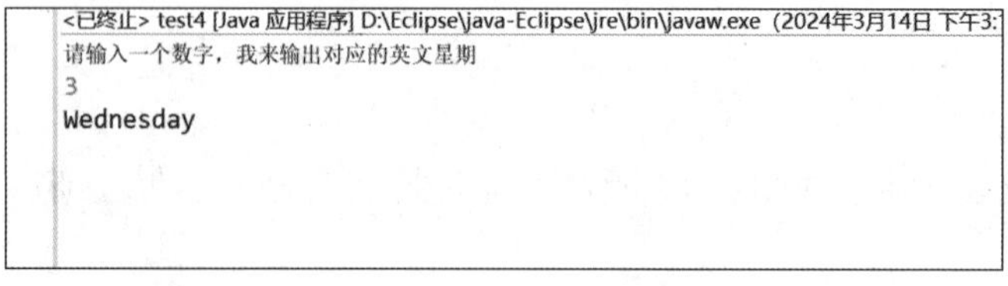

```
<已终止> test4 [Java 应用程序] D:\Eclipse\java-Eclipse\jre\bin\javaw.exe (2024年3月14日 下午3:
请输入一个数字，我来输出对应的英文星期
3
Wednesday
```

图 3.14　示例 3.8 程序运行结果

【示例 3.9】利用 if 多分支选择结构实现购车。我想买车，买什么车取决于我在银行有多少存款。如果我的存款超过 500 万元，我就买凯迪拉克；否则，如果我的存款超过 100 万元，我就买帕萨特；否则，如果我的存款超过 50 万元，我就买伊兰特；否则，如果我的存款超过 10 万元，我就买奥拓；否则，如果我的存款在 10 万元以下，我就买捷安特。具体代码如下。

```
package cn.jbit.ifdemo;
public class BuyCar {
    public static void main(String[] args) {
        int money = 52; //我的存款,单位:万元
        if (money >= 500) {
            System.out.println("太好了,我可以买凯迪拉克");
        } else if (money >= 100) {
            System.out.println("不错,我可以买帕萨特");
        } else if (money >= 50) {
            System.out.println("我可以买伊兰特");
        } else if (money >= 10) {
            System.out.println("至少我可以买奥拓);
        } else {
            System.out.println("看来,我只能买捷安特了");
        }
    }
}
```

上述代码利用 if 多分支选择结构，可以判断出当存款为 52 万元时，可以买伊兰特。示例 3.9 程序运行结果如图 3.15 所示。

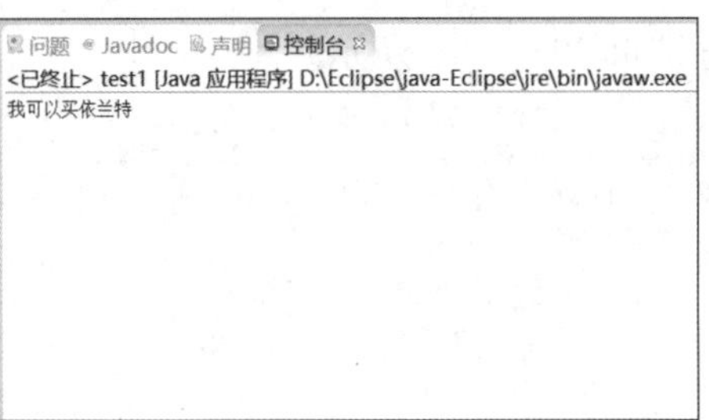

图 3.15　示例 3.9 程序运行结果

3.2.3　任务实施

1. 实现思路

（1）从控制台输入水库名称、总库容。

（2）使用 if 多分支选择结构。

（3）根据国家标准对水库进行分级，按照格式要求输出水库等级信息。

2. 解决方案

具体代码如下。

```
import java.util.Scanner;
public class Grade {
   public static void main(String[] args) {
        Scanner sc = new Scanner(System.in);
        System.out.print("请输入水库的名称:");
        String name = sc.next();
        System.out.print("请输入水库的总库容(万立方米):");
        double capacity = sc.nextDouble();  //控制台输入水库的总库容
        System.out.println("库名\t 总库容(万立方米)\t 级别");
        if(capacity >=100000) { //总库容 >=100000
             System.out.println(name + "\t" + capacity + "\t\t 大(1)型");
        }else if(capacity >=10000) { //总库容 >=10000
             System.out.println(name + "\t" + capacity + "\t\t 大(2)型");
        }else if(capacity >=1000) { //总库容 >=1000
             System.out.println(name + "\t" + capacity + "\t\t 中型型");
        }else if(capacity >=100) { //总库容 >=100
             System.out.println(name + "\t" + capacity + "\t\t 小(1)型");
        }else if(capacity >=10) { //总库容 >=10
             System.out.println(name + "\t" + capacity + "\t\t 小(2)型");
        }else if(capacity >=1) { //总库容 >=1
             System.out.println(name + "\t" + capacity + "\t\t 骨干塘");
        }else { ////总库容 <1
             System.out.println(name + "\t" + capacity + "\t\t 山平塘");
        }
   }
}
```

3. 测试运行

水库等级划分程序运行结果如图 3. 16 所示。

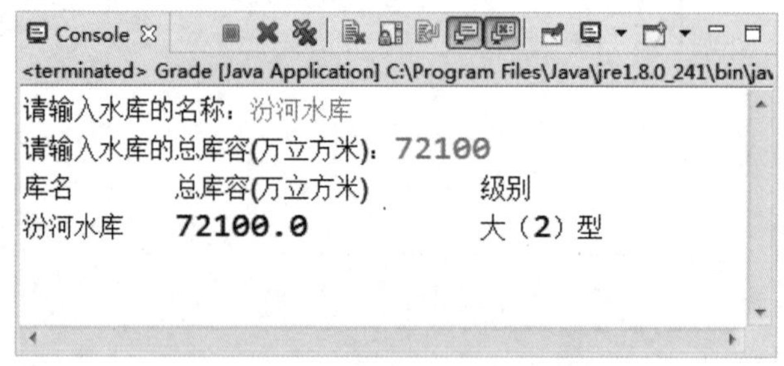

图 3. 16 水库等级划分程序运行结果

3. 2. 4 任务总结

if 多分支选择结构的第一个条件之后的所有条件都是在第一个条件不成立的情况下出现的，而第二个条件之后的所有条件是在第一个条件、第二个条件都不成立的情况下出现的，依此类推。由此可见，else if 块的执行顺序是连续的，而不是随意排列的。条件可以从大到小排列，也可以从小到大排列，总之，条件必须要有顺序地排列才可以使用 if 多分支选择结构。

任务 3.3　水情数据处理——if 嵌套选择结构

3.3.1　任务分析

为了满足小型水库监测预警系统的建设，需要参照国家先进的标准规范，合理设置监测设施。小型水库配置参数见表 3.5。

表 3.5　小型水库配置参数

水库类型	坝型	
	土石坝	重力坝、拱形坝
小（1）型水库	1 个降水量监测点 1 个水位自动监测点 +1 组水尺 2 个视频图像监测点 按需设置 1 个渗流量监测点 2 个渗流压力监测横断面（2～3 点/断面） 5 个北斗表面变形监测点	1 个降水量监测点 1 个水位自动监测点 +1 组水尺 2 个视频图像监测点 按需设置 1 个渗流量监测点 按需设置扬压力、绕坝渗流压力监测点 3 个北斗表面变形监测点
小（2）型水库	1 个降水量监测点 1 个水位自动监测点 +1 组水尺 1 个视频图像监测点 按需设置 1 个渗流量监测点 坝高 15 米以上的设 1 个渗流压力监测横断面 3 个北斗表面变形监测点	1 个降水量监测点 1 个水位自动监测点 +1 组水尺 1 个视频图像监测点 按需设置 1 个渗流量监测点 按需设置扬压力、绕坝渗流压力监测点 3 个北斗表面变形监测点

根据水库类型和坝型选择不同的配置参数。

3.3.2　知识准备

嵌套 if 语句是指该 if 语句为另一个 if 语句或者 else 语句的对象，通俗来说就是：在 if 选择结构中嵌入 if 选择结构。在编程时经常要用到嵌套 if 语句。当使用嵌套 if 语句时，需记住的要点是：一个 else 语句总是对应和它在同一个块中最近的 if 语句，而且该 if 语句没有与其他 else 语句关联。

1. 流程图

if 嵌套选择结构流程图如图 3.17 所示。

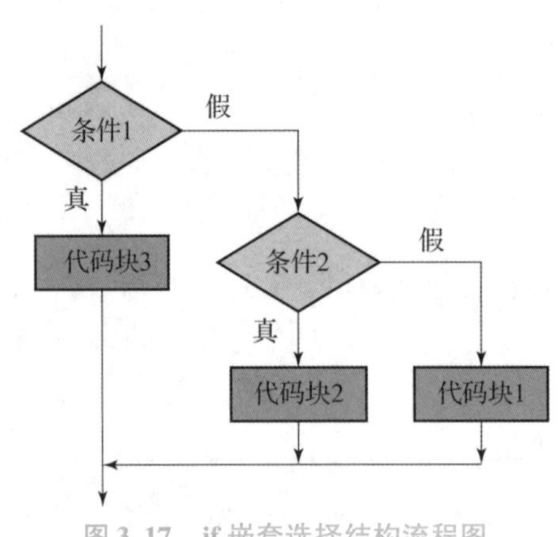

if嵌套语句

图3.17　if嵌套选择结构流程图

2. 语法格式

```
if(条件1) {
    if(条件2) {
        //代码块1
    } else {
        //代码块2
    }
} else {
    //代码块3
}
```

3. 执行过程

如果条件1为真，则判断条件2；如果条件2为真，则执行代码块1，如果条件2为假，则执行代码块2；如果条件1为假，则返回执行代码块3。

【示例3.10】学校举行运动会，百米赛跑成绩在12秒内的选手有资格进入决赛，否则被淘汰。选手进入决赛后根据性别决定进入男子组决赛或女子组决赛。

分析如下。

第一步，判断百米赛跑成绩是否在12秒内。

第二步，若选手的百米赛跑成绩在12秒内，性别为女，则进入女子组决赛；否则进入男子组决赛。

第三步，若选手的百米赛跑成绩超过12秒，则被淘汰。

具体代码如下。

```
package demo;
import java.util.Scanner;
public class test3 {

        public static void main(String[] args) {
            Scanner sc = new Scanner(System.in);
            System.out.println("请输入百米赛跑成绩(秒):");
                double a = sc.nextDouble();
```

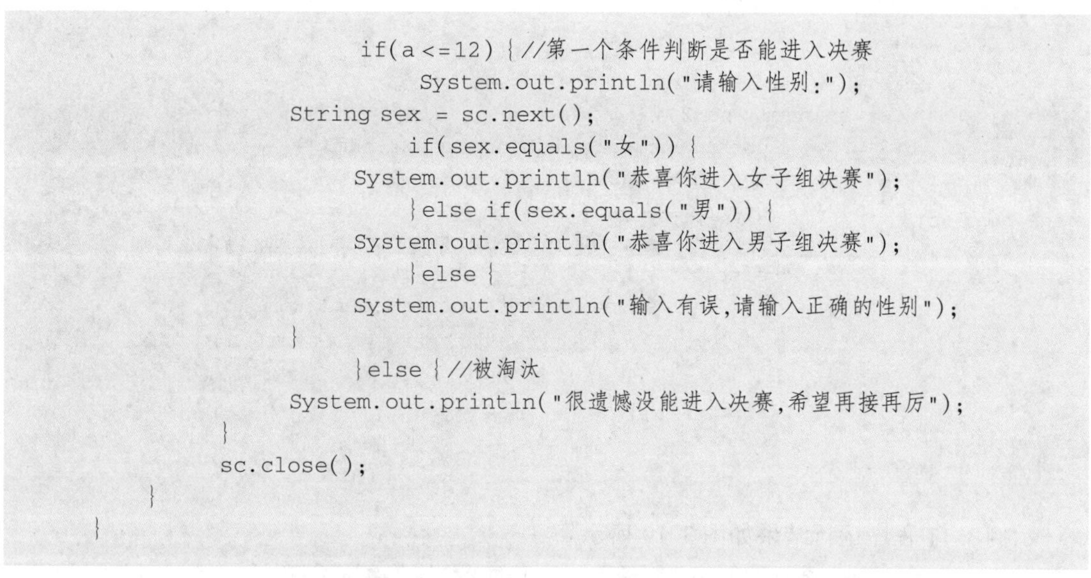

```
                if(a<=12) {//第一个条件判断是否能进入决赛
                    System.out.println("请输入性别:");
            String sex = sc.next();
                    if(sex.equals("女")) {
                System.out.println("恭喜你进入女子组决赛");
                    }else if(sex.equals("男")) {
                System.out.println("恭喜你进入男子组决赛");
                    }else {
                System.out.println("输入有误,请输入正确的性别");
            }
                }else {//被淘汰
            System.out.println("很遗憾没能进入决赛,希望再接再厉");
        }
        sc.close();
    }
}
```

示例 3. 10 程序的运行结果如图 3. 18 所示，通过控制台输入百米赛跑成绩后，判断该成绩是否达到进入决赛资格，再通过输入性别，划分进入男子组决赛或女子组决赛。

```
<已终止> test3 [Java 应用程序] D:\Eclipse\java-Eclipse\jre\bin\javaw.exe (
请输入百米赛跑成绩(秒):
10
请输入性别:
女
恭喜你进入女子组决赛
```

图 3. 18　示例 3. 10 程序的运行结果

【示例 3. 11】 从键盘输入 3 个整数，分别存入变量 num1、num2、num3，对它们进行排序。具体代码如下。

```
package demo;
public class test4{
    public static void main(String[] args){
        int num1 = 5;
        int num2 = 8;
        int num3 = 12;
        int max;
        if(num1 >= num2){
            if(num3 > num1){
                System.out.println("num2,num1,num3");
            }else if(num3 < num1){
                if(num3 > num2){
                    System.out.println("num2,num3,num1");
                }else{
                    System.out.println("num3,num2,num1");
                }
```

```
            }
        }else if(num1 < num2){
            if(num3 > num2){
                System.out.println("num1,num2,num3");
            }else if(num3  < num2){
                if(num3  > num1){
                    System.out.println("num1,num3,num2");
                }else{
                    System.out.println("num3,num1,num2");
                }
            }
        }
    }
}
```

示例 3.11 程序运行结果如图 3.19 所示。

```
问题 @ Javadoc 声明 控制台
<已终止> test4 [Java 应用程序] D:\Eclipse\java-Eclipse\jre\bin\javaw.exe
num1,num2,num3
```

图 3.19　示例 3.11 程序运行结果

通过以上两个示例，可以体会 if 嵌套选择结构的执行过程。在使用 if 嵌套选择结构时需要注意：内层的 if 选择结构相对于外层的 if 选择结构要有一定的缩进，且与之匹配的 if - else 要对齐。

【示例 3.12】 输入小明的考试成绩，显示所获奖励。

（1）成绩 == 100 分，爸爸给小明买玩具车。

（2）100 分 > 成绩 >= 90 分，妈妈给小明买 MP4 播放器。

（3）90 分 > 成绩 >= 60 分，妈妈给小明买参考书。

（4）成绩 <60 分，什么都不买。

具体代码如下。

```
import java.util.
public class ScoreTest {
    public static void main(String[] args) {
        Scanner input = new Scanner(System.in);
        int score = input.nextInt(); //接收成绩
        if (score == 100) {
            System.out.println("爸爸给小明买玩具车");
        } else if (score >= 90) {
            System.out.println("妈妈给小明买 MP4 播放器");
```

```
        } else if (score < 90 && score >= 60) {
            System.out.println("妈妈给小明买参考书");
        } else {
            System.out.println("什么都不买");
        }
    }
}
```

上述代码运行后，从控制台输入小明的成绩（91 分），通过 if 嵌套选择结构，可输出“妈妈给小明买 MP4 播放器”。示例 3.12 程序运行结果如图 3.20 所示。

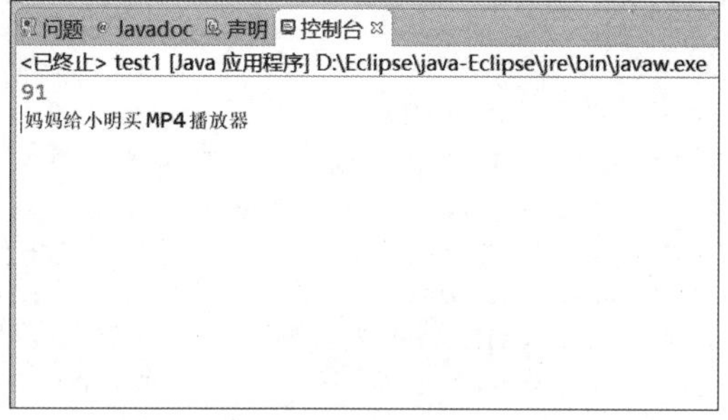

图 3.20　示例 3.12 程序运行结果

3.3.3 任务实施

1. 实现思路

（1）使用 if 嵌套选择结构实现。

（2）先判断水库类型，再判断坝型，根据判断结果进行不同的处理。

2. 解决方案

具体代码如下。

```
import java.util.Scanner;
public class Parameter {
    public static void main(String[] args) {
        Scanner sc = new Scanner(System.in);
        System.out.print("请选择水库的类型:1 - 小(1)型水库\t2 - 小(2)型水库");
        int type = sc.nextInt(); //水库类型
        if(type ==1) {
            System.out.print("请选择水库的坝型(1. 土石坝 2. 重力坝、拱形坝)");
            int dam = sc.nextInt(); //坝型
            if(dam ==1) {
                System.out.println(" ---------- 小(1)型水库 - 土石坝 ------------ ");
                System.out.println("1 个降水量监测点");
                System.out.println("1 个库水位自动监测点 +1 组水尺");
                System.out.println("2 个视频图像监视点");
                System.out.println("按需设置 1 个渗流量监测点");
                System.out.println("2 个渗流压力监测横断面(2 -3 点/断面)");
                System.out.println("5 个北斗表面变形监测点");
```

```
            }else {
                System.out.println("-----------小(1)型水库-重力坝、拱形坝---------------");
                System.out.println("1个降水量监测点");
                System.out.println("1个库水位自动监测点+1组水尺");
                System.out.println("2个视频图像监视点");
                System.out.println("按需设置1个渗流量监测点");
                System.out.println("按需设置扬压力、绕坝渗流压力监测点");
                System.out.println("5个北斗表面变形监测点");
            }
        }else {
            System.out.print("请选择水库的坝型(1.土石坝\t2.重力坝、拱形坝)");
            int dam = sc.nextInt(); //坝型
            if(dam == 1) {
                System.out.println("----------小(2)型水库-土石坝--------------");
                System.out.println("1个降水量监测点");
                System.out.println("1个库水位自动监测点+1组水尺");
                System.out.println("2个视频图像监视点");
                System.out.println("按需设置1个渗流量监测点");
                System.out.println("坝高15m以上的设1个渗流压力监测横断面");
                System.out.println("3个北斗表面变形监测点");
            }else {
                System.out.println("-----------小(2)型水库-重力坝、拱形坝---------------");
                System.out.println("1个降水量监测点");
                System.out.println("1个库水位自动监测点+1组水尺");
                System.out.println("2个视频图像监视点");
                System.out.println("按需设置1个渗流量监测点");
                System.out.println("按需设置扬压力、绕坝渗流压力监测点");
                System.out.println("3个北斗表面变形监测点");
            }
        }
    }
}
```

3. 测试运行

小型水库监测点设置程序运行结果如图 3.21 所示。

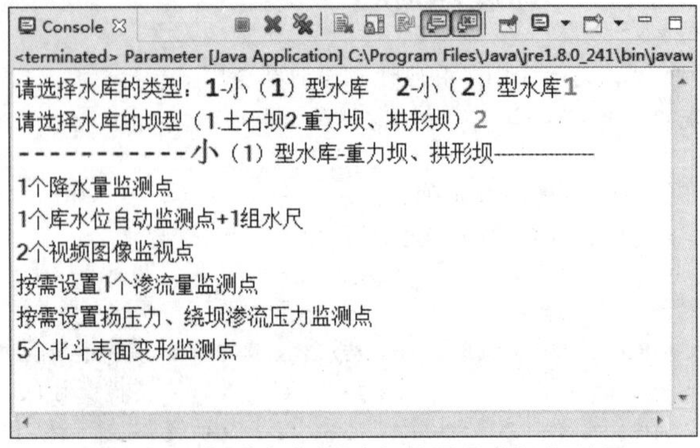

图 3.21　小型水库监测点设置程序运行结果

3.3.4 任务总结

在本任务中，除了完整实现功能以外，还需要注意 if 选择结构的书写规范。

（1）为了使 if 选择结构更加清晰，应该把每个 if 或 else 包含的代码块用大括号括起来。

（2）相匹配的一对 if 和 else 应该左对齐。

（3）内层的 if 结构相对于外层的 if 结构要有一定的缩进。

任务 3.4 水情数据处理——switch 选择结构

3.4.1 任务分析

各水库通过水情、视频和安全监测采集设备，完成监测数据的采集、计算、存储、显示、预警，并将监测数据传输汇集至监测平台。

本任务根据不同监测点故障的巡查状态进行预警，分为蓝色预警、黄色预警、橙色预警、红色预警、青色预警和粉色预警。监测点故障预警情况见表 3.6。

表 3.6　监测点故障预警情况

设备编号	类型	预警指示
101	视频图像监测点	蓝色预警
201	降水量监测点	黄色预警
301	水位自动监测点	橙色预警
401	北斗表面变形监测点	红色预警
501	渗流量监测点	青色预警
601	渗流压力监测点	粉色预警

3.4.2 知识准备

1. 为什么使用 switch 选择结构

在 Java 语言中，控制流程语句是由选择语句、循环语句、跳转语句构成的。选择语句包括 if 语句和 switch 语句。过多地使用 if 语句嵌套会使程序很难阅读，这时利用 switch 语句可以有效地处理多重条件并使程序的可读性提高。

本任务可以使用 if 多分支选择结构完成。具体代码如下。

```
import java.util.Scanner;
public class Warning {
   public static void main(String[] args) {
       Scanner sc = new Scanner(System.in);
```

```
        System.out.println("请输入当前采集的故障监测点编号:\n101 视频图像监视点\n201 降水量监测点\n301 水位自动监测点\n401 北斗表面变形监测点\n501 渗流量监测点\n601 渗流压力监测点\n");
        int site = sc.nextInt();
        System.out.println("\n设备编号\t类型\t\t预警指示");
        if(site ==101) {
            System.out.println("101\t视频图像监视点\t蓝色预警");
        }else if(site ==201) {
            System.out.println("201\t降水量监测点\t黄色预警");
        }else if(site ==301) {
            System.out.println("301\t水位自动监测点\t橙色预警");
        }else if(site ==401) {
            System.out.println("401\t北斗表面变形监测点\t红色预警");
        }else if(site ==501){
            System.out.println("501\t渗流量监测点\t青色预警");
        }else if(site ==601){
            System.out.println("601\t渗流压力监测点\t粉色预警");
        } else {
            System.out.println("一切正常");
        }
    }
}
```

上述代码虽然完成了任务，但是很烦琐。本任务和前面的任务有什么不同？显然本任务是等值判断问题，之前的任务是连续区间判断问题。对此有一种专用的进行等值判断的选择结构，即 switch 选择结构。

switch
选择结构

2. 什么是 switch 选择结构

switch 选择结构是专门用来解决等值判断问题的。

1）语法结构

```
switch( 表达式 ){
    case 值1 :
        //语句1
        break; //可选
    case 值2 :
        //语句2
        break; //可选
            case 值n:
                //语句n
                break; //可选
    //可以有任意数量的case语句
    default : //可选
        //语句n+1
}
```

2）格式解释

（1）表达式：数据类型可以为 byte、short、int、char。

（2）case 后面的值：用来和表达式的值进行匹配的内容。

（3）break：表示中断。

（4）default：若所有的值都不匹配，则执行语句体 default。

3）执行流程

（1）计算表达式的值。

（2）将计算出来的值依次与 case 后面的值比较，一旦匹配，就执行对应的语句，遇到 break 就结束。

（3）如果所有 case 都不匹配，就执行 default 后面的语句 $n+1$。

4）使用规则

switch 语句中的变量类型可以是 byte、short、int 或者 char。从 Java SE 7 开始，switch 语句支持字符串 String 类型，同时 case 标签必须为字符串常量或字面量。

switch 语句可以拥有多个 case 语句。每个 case 语句后面跟一个要比较的值和冒号。

case 语句中值的数据类型必须与变量的数据类型相同，而且只能是常量或者字面常量。

当变量的值与 case 语句的值相等时，则 case 语句之后的语句开始执行，直到 break 语句出现才会跳出 switch 语句。

当遇到 break 语句时，switch 语句终止。程序跳转到 switch 语句后面的语句执行。case 语句不必须要包含 break 语句。如果没有 break 语句出现，则程序会继续执行下一条 case 语句，直到出现 break 语句。

switch 语句可以包含一个 default 分支，该分支一般是 switch 语句的最后一个分支（可以在任何位置，但建议放在最后）。default 分支在没有 case 语句的值和变量值相等的时候执行。default 分支不需要 break 语句。

switch 语句执行时，一定先进行匹配，若匹配成功则返回当前 case 的值，再根据是否有 break 语句，判断是继续输出还是跳出判断。

【示例 3.13】一年有 12 个月，分属于春（3—5 月）、夏（6—8 月）、秋（9—11 月）、冬（12—2 月）4 个季节，从键盘输入一个月份，用程序判断该月份属于哪个季节并输出。

具体代码如下。

```
package demo;
import java.util.Scanner;
public class test4 {
    public static void main(String[] args) {
        //TODO 自动生成的方法存根
                Scanner sc = new Scanner(System.in);
                System.out.println("请输入一个月份:");
                int month = sc.nextInt();
                //case 穿透
                switch(month) {
                    case 1:
                    case 2:
                    case 12:
```

```
                    System.out.println("冬季");
                    break;
                case 3:
                case 4:
                case 5:
                    System.out.println("春季");
                    break;
                case 6:
                case 7:
                case 8:
                    System.out.println("夏季");
                    break;
                case 9:
                case 10:
                case 11:
                    System.out.println("秋季");
                    break;
                default:
                    System.out.println("你输入的月份有误");
            }
        }
    }
```

示例 3.13 程序运行结果如图 3.22 所示，当输入月份后，程序会执行对应的代码段，执行结束后，输出对应的季节。

```
<已终止> test4 [Java 应用程序] D:\Eclipse\java-Eclipse\jre\bin\javaw.exe
请输入一个月份：
9
秋季
```

图 3.22　示例 3.13 程序运行结果

【**示例 3.14**】输入诗词上半句，输出诗词下半句。与示例 3.13 不同的是，如果 switch 语句中的 case 没有对应 break 语句，则会出现 case 穿透的现象。具体代码如下。

```
package demo;
import java.util.Scanner;
public class test4 {
public static void main(String[] args) {
    System.out.println("请输入诗词的上半句:");
    Scanner input = new Scanner(System.in);
    String firstHalfOfSentence = input.next();
    switch(firstHalfOfSentence) {
        case "采菊东篱下": System.out.println("悠然见南山");
        break;
```

```
        case "问君能有几多愁": System.out.println("恰似一江春水向东流");
        break;
        case "君不见高堂明镜悲白发": System.out.println("朝如青丝暮成雪");
        //去掉了 break
        case "古道西风瘦马": System.out.println("夕阳西下,断肠人在天涯");
        break;
        default:
        System.out.println("查询不到下一句");
    }
  }
}
```

示例 3.14 程序运行结果如图 3.23 所示。从控制台输入诗词上半句，如果 switch 语句中的 case 没有对应 break 语句，则会出现 case 穿透现象。

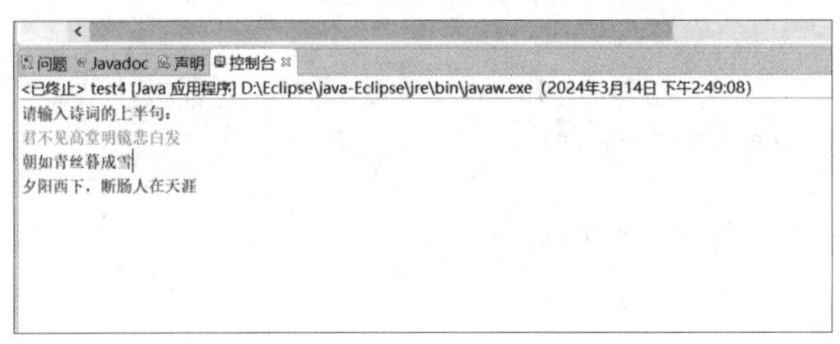

图 3.23 示例 3.14 程序运行结果

从上述示例可以看出，switch 选择结构和 if 多分支选择结构的相同点在于它们都是用来处理多分支条件的结构；其不同之处在于 switch 选择结构只能处理等值条件判断问题，而 if 多分支选择结构没有 switch 选择结构的限制，特别适用于某个变量处于某个连续区间时的情况。

【示例 3.15】 编写代码，从键盘输入年、月、日，输出该日期是本年度的第几天（方法多种，最简单的方法是使用递归，这里用 switch 语句实现）。具体代码如下。

```
import java.util.Scanner;
public class test_3 {
   public static void main(String[] args) {
        int sumDays = 0;
        Scanner scan = new Scanner(System.in);
        System.out.println("请输入年份:");
        int year = scan.nextInt();
        System.out.println("请输入月:(1-12)");
        int mouth = scan.nextInt();
        System.out.println("请输入日:(1-31)");
        int day = scan.nextInt();
        switch (mouth){
        case 12:
            sumDays += 30;
```

```
        case 11:
            sumDays += 31;
        case 10:
            sumDays += 30;
        case 9:
            sumDays += 31;
        case 8:
            sumDays += 31;
        case 7:
            sumDays += 30;
        case 6:
            sumDays += 31;//6 月 24 日 31 +29 +31 +30 +31 +24
        case 5:
            sumDays += 30;
        case 4:
            sumDays += 31;
        case 3:
            if ((year % 4 == 0 && year % 100 != 0) || year % 400 == 0){
                sumDays += 29;
            }else {
                sumDays += 28;
            }
            //sumDays += 29;
        case 2:
            sumDays += 31;
        case 1:
            sumDays += day;
        System.out.println(year + "年" + mouth + "月" + day + "日是" + year +"年
的第" +sumDays + "天");

        }
    }
}
```

上述代码运行之后，从控制台输入任意年、月、日，通过 switch 选择结构，输出该日期是本年度的第几天。示例 3.15 程序运行结果如图 3.24 所示。

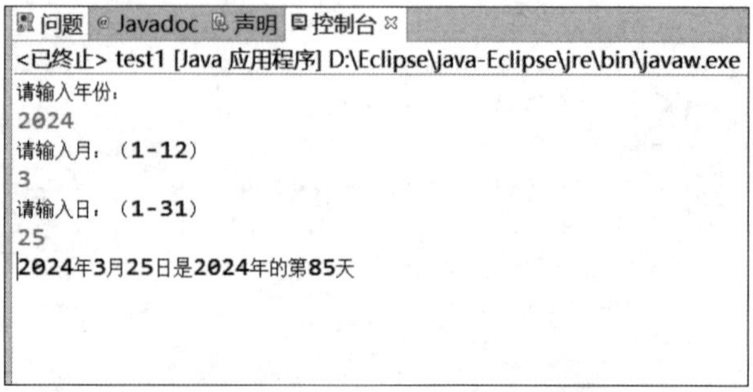

```
问题 Javadoc 声明 控制台
<已终止> test1 [Java 应用程序] D:\Eclipse\java-Eclipse\jre\bin\javaw.exe
请输入年份:
2024
请输入月:（1-12）
3
请输入日:（1-31）
25
2024年3月25日是2024年的第85天
```

图 3.24　示例 3.15 程序运行结果

3.4.3 任务实施

了解了 switch 选择结构的语法结构和它的执行过程后，下面使用 switch 选择结构解决等值判断的问题。

1. 实现思路

（1）使用 switch 选择结构实现。

（2）先判断故障监测点编号，根据判断结果进行不同的处理。

2. 解决方案

具体代码如下。

```
import java.util.Scanner;
public class Warning {
    public static void main(String[] args) {
        Scanner sc = new Scanner(System.in);
        System.out.println("请输入当前采集的故障监测点编号:\n101 视频图像监视点\n201 降水量监测点\n301 水位自动监测点\n401 北斗表面变形监测点\n501 渗流量监测点\n601 渗流压力监测点\n");
        int site = sc.nextInt();
        System.out.println("\n设备编号\t类型\t\t预警指示");
        switch (site) {
        case 101:
            System.out.println("101\t视频图像监视点\t蓝色预警");
            break;
        case 201:
            System.out.println("201\t降水量监测点\t黄色预警");
            break;
        case 301:
            System.out.println("301\t水位自动监测点\t橙色预警");
            break;
        case 401:
            System.out.println("401\t北斗表面变形监测点\t红色预警");
            break;
        case 501:
            System.out.println("501\t渗流量监测点\t青色预警");
            break;
        case 601:
            System.out.println("601\t渗流压力监测点\t粉色预警");
            break;
        default:
            System.out.println("一切正常");
            break;
        }
    }
}
```

3. 测试运行

监测点故障预警程序运行结果如图 3.25 所示。

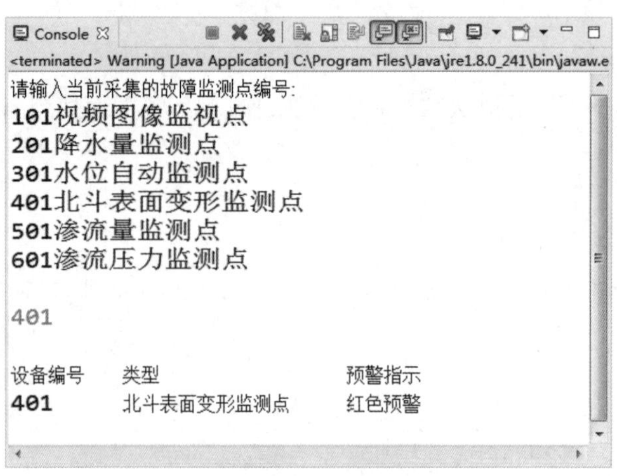

图 3.25　监测点故障预警程序运行结果

3.4.4 任务总结

至此，可以发现 if 多分支选择结构和 switch 选择结构很相似，它们都是用于进行多分支条件判断的，但是 if 多分支选择结构主要用于连续区间的条件判断，而 switch 选择结构主要用于等值条件判断。

【项目评价】

项目分值比		考核方式	评价标准（掌握程度）				
			优	良	中	及格	不及格
线上考核（30%）	10%	章节测验	≥90 分	80（含）~90（不含）分	70（含）~80（不含）分	60（含）~70（不含）分	<60 分
	10%	音视频	≥90 分	80（含）~90（不含）分	70（含）~80（不含）分	60（含）~70（不含）分	<60 分
	10%	讨论次数	≥90 分	80（含）~90（不含）分	70（含）~80（不含）分	60（含）~70（不含）分	<60 分
线下考核（40%）	5%	课堂提问	≥90 分	80（含）~90（不含）分	70（含）~80（不含）分	60（含）~70（不含）分	<60 分
	5%	随堂测验	≥90 分	80（含）~90（不含）分	70（含）~80（不含）分	60（含）~70（不含）分	<60 分
	30%	4 个任务	≥90 分	80（含）~90（不含）分	70（含）~80（不含）分	60（含）~70（不含）分	<60 分
实战练习（30%）	30%	实战练习	≥90 分	80（含）~90（不含）分	70（含）~80（不含）分	60（含）~70（不含）分	<60 分
合　计	100%						

【项目小结】

通过本项目的学习，读者理解了选择结构中判断条件的构成，掌握了 if 选择结构的几种形式：单分支、双分支、多分支和嵌套。当多分支的条件是等值判断时，建议使用 switch 选择结构设计程序。

在实际开发中，通常综合运用 if 选择结构和 switch 选择结构来解决问题。

【实战练习】

一、单选题

1. 为一个 boolean 类型的变量赋值时，可以使用（　　）方式。

A. boolean a = 1;　　B. boolean a = (9 >= 10);

C. boolean a = "真";　　D. boolean a == true;

2. 有 else if 块的条件结构是（　　）。

A. 基本 if 选择结构　　B. if - else 选择结构

C. if 多分支选择结构　　D. switch 选择结构

3. 下列关于 if 多分支选择结构的说法中正确的是（　　）。

A. 多个 else if 块之间的顺序可以改变，改变之后对程序的运行结果没有影响

B. 多个 else if 块之间的顺序可以改变，改变之后可能对程序的运行结果有影响

C. 多个 else if 块之间的顺序不可以改变，改变之后程序编译不通过

D. 多个 else if 块之间的顺序可以改变，改变之后程序编译可以通过

4. 下面程序的执行结果是（　　）。

A. 要下雨了　　B. 天很阴　　C. 很舒适　　D. 很干燥

```
public static void main(String[] args) {
      int shiDu = 45;
      if(shiDu >= 80){
            System.out.println("要下雨了");
      }else if(shiDu >= 50){
            System.out.println("天很阴");
      }else if(shiDu >= 30){
            System.out.println("很舒适");
      }else if(shiDu >= 0){
            System.out.println("很干燥");
      }
}
```

5. 下列关于 switch 选择结构的说法中正确的是（　　）。

A. switch 选择结构可以完全替代 if 多分支选择结构

B. 条件判断为等值判断，并且判断的条件为字符串时，可以使用 switch 选择结构

C. 条件判断为等值判断，并且判断的条件为字符时，可以使用 switch 选择结构

D. 条件判断为等值判断，并且判断的条件为整型变量时，可以使用 switch 选择结构

二、简答题

1. 画出流程图并编程实现：判断某一年份是否是闰年。

2. 画出流程图并编程实现：对 3 个整数进行排序并按照从小到大的顺序输出。

3. 画出流程图并编程实现：输出类似“小时：分钟：秒”的时间格式，需要判断输入的数字是否符合实际情况，例如小时数不能大于 24，如果大于 24 就提示“输入错误”，分钟数和秒数不能大于 60，如果大于 60 就提示“输入错误”。

4. 说明在什么情况下可以使用 switch 选择结构代替 if 多分支选择结构。

项目四

水情查询系统核心业务

在之前项目的学习中，可以发现顺序结构只能执行一次，选择结构可以解决逻辑判断的问题，在实际项目开发中，经常需要根据条件多次执行相同的操作。在日常生活中，经常会见到许多循环的实例，例如，将河道序号顺序输出、打印100份宣传标语、沿操场跑10圈、读10遍英语课文、打印1 000份试卷、求1～100的和，等等。while、do－while和for三种循环结构提供了不同的循环控制方式，可以使一段代码块按照指定的条件重复执行，从而满足了代码重复执行的需求。本项目介绍循环语句以扩展水情查询系统中雨情和用户管理相关代码。使用循环结构，可以让程序完成更为繁重的相关水情计算等任务，同时可以简化程序的编写。

【学习目标】

1. 素质目标

（1）持续学习与探索能力：通过学习while循环、do－while循环和for循环，培养在编程中持续学习和探索的能力，以进一步提高编程技能。

（2）问题解决能力：通过实践while循环、do－while循环和for循环，培养逻辑思维能力和问题解决能力，能够利用循环结构解决实际问题。

（3）逻辑思维能力：学习跳转语句的功能和种类，以及双重循环，培养逻辑思维能力，理解和设计复杂的程序流程。

（4）创造性思维能力：通过使用跳转语句和双重循环解决问题，培养创造性思维能力。

2. 知识目标

（1）理解循环结构：理解循环结构的基本语法、执行流程和工作原理、作用和必要性。

（2）理解循环控制部分：理解for循环中的初始条件、循环条件和循环更新操作，掌握这些部分在循环控制中的作用和使用方法。

（3）理解计数器与迭代：理解计数器和迭代的概念，理解计数器在for循环中的使用方法和变化规律。

（4）理解双重循环的概念：理解跳转语句的使用场景，双重循环的定义、用途和使用方法及其对程序流程的影响。

（5）理解嵌套循环的语法和特性：理解双重循环的语法结构和特性，以及如何控制和优化循环的执行。

3. 能力目标

（1）编写循环语句：能够编写符合语法规则的 while 循环、do – while 循环和 for 循环语句，正确设置循环条件和控制循环的代码块。

（2）解决实际问题：能够运用循环结构解决实际问题，如遍历数据集、处理用户输入等，提高解决问题的效率和质量。

（3）排查与调试错误：具备发现和解决循环语句中可能出现的逻辑错误、死循环等问题的能力，增强程序的健壮性。

（4）设计程序流程：能够设计合理的程序流程，使用双重循环处理和操作多维数据结构，解决实际问题。

（5）处理和操作数据：能够熟练地使用双重循环来迭代处理多维数据结构，进行数据比较、查找和其他相关操作。

（6）进行算法优化和性能调优：能够优化双重循环的算法，减少不必要的重复计算，提高程序的执行效率和性能。

【学习任务】

任务 4.1 统计降雨量——while 循环

4.1.1 任务分析

在水情查询系统开发中，需要统计一段时间内的降雨量，从而计算出总降雨量及平均降雨量。

4.1.2 知识准备

在计算机编程领域，while 循环是一种重要的控制结构，它允许程序根据特定条件重复执行一段代码。while 循环在程序开发中发挥着关键作用，它不仅提供了灵活性，还能够简化代码的编写和维护。

为什么需要循环结构

while 循环的一个显著特点是其灵活性。程序员可以根据不同的需求定义不同的循环条件，从而实现各种控制流。这种灵活性使 while 循环成为解决各种问题的有力工具。无论是在搜索算法、游戏开发还是数据处理中，while 循环都能够发挥重要作用。

while 循环的另一个优点是有助于避免代码重复。当需要重复执行相同或类似的操作时，使用 while 循环结构比手动复制、粘贴代码更加高效和可维护。通过合理设置循环条件和更新条件，可以使代码更具可扩展性。

在复杂的程序中，往往需要使用多个循环来完成各种任务。while 循环可以嵌套在其他循环中，以实现更复杂的控制流。这种嵌套循环的结构可以用于处理各种复杂问题。

虽然 while 循环是一种功能强大的工具，但在编写代码时也要考虑性能。不恰当地使用 while 循环可能导致程序变慢或占用过多的系统资源。

在处理大量数据时，应该尽量减少 while 循环的嵌套和迭代次数，以提高程序的执行效率。此外，可以考虑使用其他数据结构和算法来替代 while 循环，以优化程序的性能。

while 循环是计算机编程中的重要工具，它提供了灵活的控制流程，可以应用于各种不同的情景。通过合理使用 while 循环，程序员可以避免代码重复，解决复杂的问题，同时需要注意 while 循环的危险性和性能问题。在编写程序时，选择合适的 while 循环结构是提高代码质量和效率的关键一步。

1. while 循环的语法结构

while 循环根据循环条件来判断是否继续执行循环体，如果满足条件则执行循环体，否则不再执行循环体。其语法结构如下。

```
while(布尔表达式){  //循环条件
  循环体(循环操作) //若布尔表达式为真,则循环操作一直执行
}
```

2. while 循环的执行流程

布尔表达式（循环条件）表示循环体执行的条件，while 语句先计算布尔表达式（循环条件）的值，若结果为 true，则执行循环体；循环体执行完后，再判断布尔表达式的值，若结果仍为 true，则再次执行循环体（形成循环），直到布尔表达式的值为 false，结束循环。while 循环流程图如图 4.1 所示。

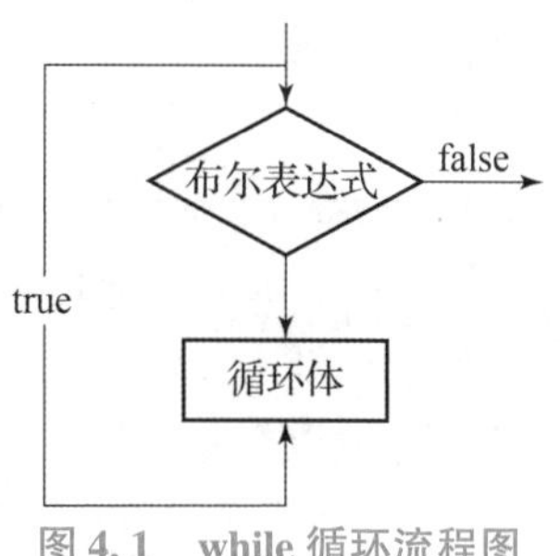

图 4.1　while 循环流程图

while 循环

注意：循环体可以是一条或多条语句，如果是一条语句，则“{}”可以省略，如果是多条语句，则“{}”不能省略。先计算布尔表达式（循环条件）的值，再执行循环体（循环操作）。

【示例 4.1】 使用 while 循环将河道序号 1～20 打印到控制台。

示例 4.1 相关代码如图 4.2 所示。

```
public class WhileDemo1 {

    public static void main(String[] args) {
        // TODO 自动生成的方法存根
        //使用while循环结构
                int i=1;
                while(i<=20){
                    System.out.println(i+"号河道");
                    i++;
                }
    }

}
```

图 4.2　示例 4.1 相关代码

示例 4. 1 程序运行结果如图 4. 3 所示。

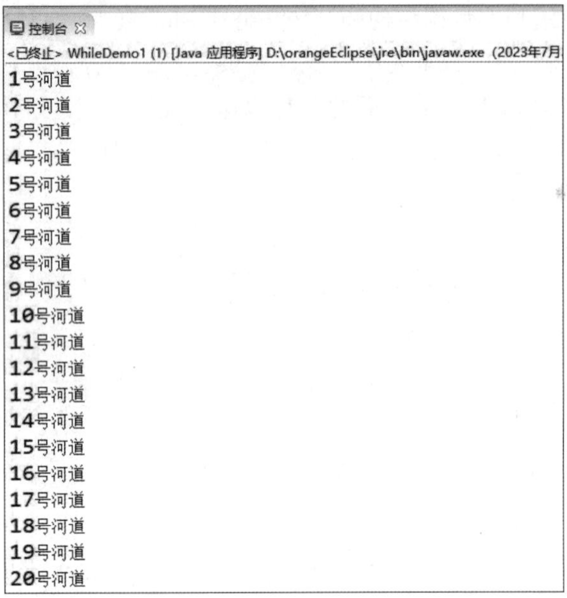

```
控制台 ☒
<已终止> WhileDemo1 (1) [Java 应用程序] D:\orangeEclipse\jre\bin\javaw.exe（2023年7月
1号河道
2号河道
3号河道
4号河道
5号河道
6号河道
7号河道
8号河道
9号河道
10号河道
11号河道
12号河道
13号河道
14号河道
15号河道
16号河道
17号河道
18号河道
19号河道
20号河道
```

图 4. 3　示例 4. 1 程序运行结果

程序分析：示例 4. 1 代码中 i 的初始值为 1，循环条件为真，所以执行循环体，输出 1 ~ 20 号河道，每次 i 自增 1，直到 i 的值等于 21 时结束循环。

【示例 4. 2】使用 while 循环求 1 ~ 100 的和。

示例 4. 2 相关代码如图 4. 4 所示。

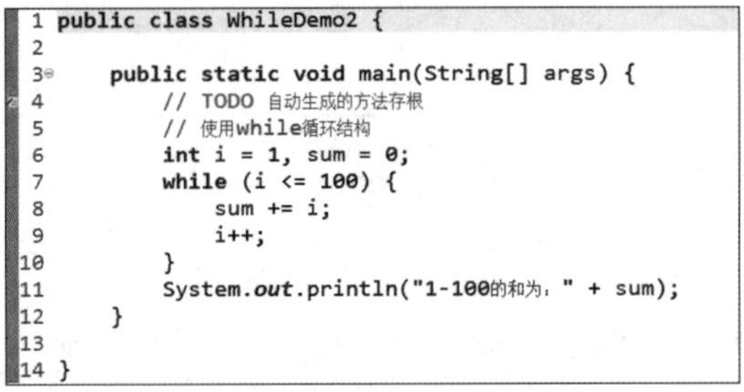

```java
public class WhileDemo2 {

    public static void main(String[] args) {
        // TODO 自动生成的方法存根
        // 使用while循环结构
        int i = 1, sum = 0;
        while (i <= 100) {
            sum += i;
            i++;
        }
        System.out.println("1-100的和为：" + sum);
    }

}
```

图 4. 4　示例 4. 2 相关代码

示例 4. 2 程序运行结果如图 4. 5 所示。

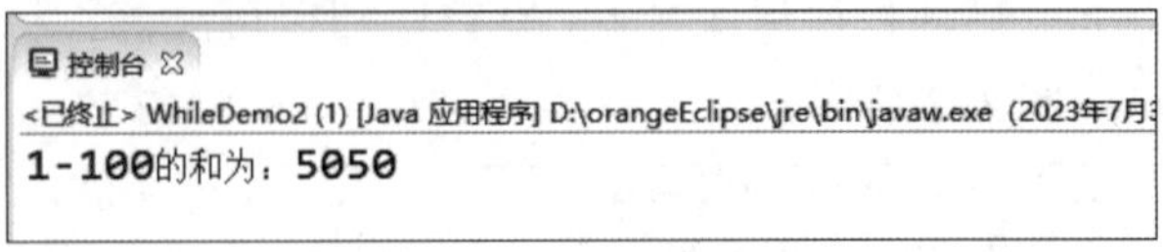

```
控制台 ☒
<已终止> WhileDemo2 (1) [Java 应用程序] D:\orangeEclipse\jre\bin\javaw.exe（2023年7月
1-100的和为：5050
```

图 4. 5　示例 4. 2 程序运行结果

程序分析：示例 4. 2 代码中定义 i 为整型变量并初始化为 1，定义 sum 为整型变量并初始化为 0，用于存储累加和；在 while 循环条件中，当 i 的值小于等于 100 时执行循环体，在循环体中将 i 的值累加到 sum 中，同时将变量 i 自增；再次判断循环条件，满足 i 小于等于 100 时再次执行循环体，直到循环条件为假，也就是 i = 101 时结束循环；最后输出 sum 的值。

【示例 4.3】按要求完成菜单练习。

示例 4.3 相关代码如图 4.6 所示。

```java
public class ExecMenu {

    public static void main(String[] args) {
        /*
         * 菜单练习题：1.按顺序打印编号1-10菜单
         * 2.打印1-10奇数编号的菜单
         * 3.打印1-10偶数编号的菜单
         * （顺序结构、while、取余运算符、比较运算符）
         */
        //1.使用while循环结构
        int i=1;
        while(i<=10){
            System.out.println(i+"号菜单");
            i++;
        }

        System.out.println("-----------");
        //2.打印1-10奇数编号的菜单
        i=1;
        while(i<=10){
            if(i%2==0){
                System.out.println(i+"号菜单");
            }
            i++;
        }
        System.out.println("-----------");
        //3.打印1-10偶数编号的菜单
        i=1;
        while(i<=10){
            if(i%2!=0){
                System.out.println(i+"号菜单");
            }
            i++;
        }
    }
}
```

图 4.6　示例 4.3 相关代码

示例 4.3 程序运行结果如图 4.7 所示。

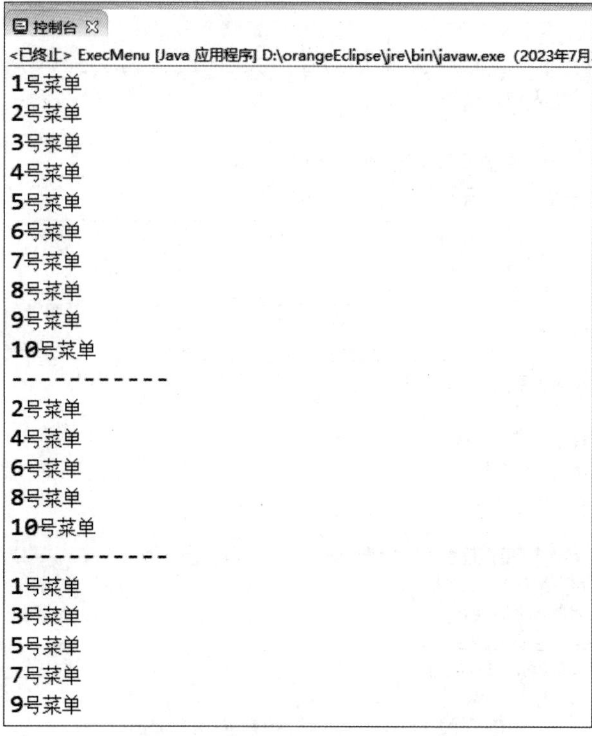

图 4.7　示例 4.3 程序运行结果

程序分析：使用 while 循环分别打印 1～10 号菜单，再打印奇数编号的菜单，最后打印偶数编号的菜单，这需要 while 循环结合 if 条件语句完成。

【示例 4.4】用户注册：如果注册用户编号不属于五位数，则需要重新输入编号。

示例 4.4 相关代码如图 4.8 所示。

```java
import java.util.Scanner;
public class RegisterUser {
    public static void main(String[] args) {
        /*
         * 用户注册，如果注册用户编号不属于五位数，则需要重新输入编号
         * （while）
         */
        Scanner input = new Scanner(System.in);
        System.out.print("请输入用户编号:");
        int id = input.nextInt(); // 键盘输入整数
        boolean flag=false;  //标识用户编号是否正确
        while(!flag){
            if(id >= 10000 && id <= 99999){
                flag=true;
            }else{
                System.out.println("\n***用户编号不在五位数范围内，请重新再来一次！");
                System.out.print("请输入用户编号:");
                id = input.nextInt(); // 键盘输入整数
                flag=false;
            }
        }
        System.out.print("请输入用户名称:");
        String name = input.next(); // 键盘输入字符串
        System.out.print("请输入用户密码:");
        String password = input.next();
        System.out.print("请输入用户积分:");
        double point = input.nextDouble(); // 键盘输入double型数据
        System.out.println("恭喜你，注册成功...");
        System.out.println("\n*****用户信息显示*****");
        System.out.println("用户编号:" + id);
        System.out.println("用户名称:" + name);
        System.out.println("用户密码:" + password);
        System.out.println("用户积分:" + point);
    }
}
```

图 4.8　示例 4.4 相关代码

示例 4.4 程序运行结果如图 4.9、图 4.10 所示。

```
控制台 ☒
RegisterUser [Java 应用程序] D:\orangeEclipse\jre\bin\javaw.exe (2023年7月
请输入用户编号:1234

***用户编号不在五位数范围内，请重新再来一次！
请输入用户编号:
```

图 4.9　示例 4.4 程序运行结果：用户注册（失败）

```
控制台 ☒
<已终止> RegisterUser [Java 应用程序] D:\orangeEclipse\jre\bin\javaw.exe (2023年7月
请输入用户编号:12345
请输入用户名称:wch
请输入用户密码:123
请输入用户积分:100
恭喜你，注册成功...

*****用户信息显示*****
用户编号:12345
用户名称:wch
用户密码:123
用户积分:100.0
```

图 4.10　示例 4.4 程序运行结果：用户注册（成功）

程序分析：示例 4. 4 使用 while 循环注册 5 位用户编号，如果用户编号不在五位数范围内，要求重新输入，如果用户编号在五位数范围内，则退出循环，退出循环后添加用户名称、用户密码和用户积分，并显示用户信息。

4.1.3　任务实施

实现思路如下。

（1）循环次数固定。

（2）使用 while 循环，分析循环条件和循环操作，写出代码。

（3）检查循环是否能够退出。

使用 while 循环统计 5 个小时内的降雨量代码如图 4. 11 所示。

```java
import java.util.Scanner;

public class ExecRain {

    public static void main(String[] args) {
        /*
         * 统计5个小时的降雨量
         * （while、Scanner、强制类型转换）
         */

        Scanner input=new Scanner(System.in);
        int i=0;
        int sum=0;

        while(i<5){
            System.out.print("请输入第"+(i+1)+"个小时的降雨量:");
            int jangYuLiang=input.nextInt();
            sum+=jangYuLiang;
            i++;
        }
        System.out.println("\n5个小时的总降雨量是"+sum);

        double avg=(double)sum/5;    //强制类型转换
        System.out.println("5个小时的平均降雨量是"+avg);
    }

}
```

图 4. 11　使用 while 循环统计 5 个小时内的降雨量代码

统计降雨量程序运行结果如图 4. 12 所示。

```
控制台 ☒
<已终止> ExecRain [Java 应用程序] D:\orangeEclipse\jre\bin\javaw.exe（2023年7月
请输入第1个小时的降雨量:10
请输入第2个小时的降雨量:15
请输入第3个小时的降雨量:13
请输入第4个小时的降雨量:7
请输入第5个小时的降雨量:20

5个小时的总降雨量是65
5个小时的平均降雨量是13.0
```

图 4. 12　统计降雨量程序运行结果

4.1.4　任务总结

循环结构与选择结构类似，也是重复做某件事情，当满足某个循环条件时，循环结构会重复执行循环操作，直到条件不成立时退出循环。循环结构中反复执行相同或类似的一系列操作的部分称为循环体（也叫作循环操作）。

任务 4.2 菜单跳转——do - while 循环

4.2.1 任务分析

在进入水情查询系统时，需要选择相应编号进入某个菜单，如果选择有误，则需要重新选择，如果菜单编号正确，则进入相应菜单模块，结束程序。

4.2.2 知识准备

do - while 循环不经常使用，其主要用于人机交互。

while 循环和 do - while 循环是否等价？它们是否可以相互转换？答案是“不能”。原因十分简单，while 循环体不一定会执行，当布尔表达式一开始就为假的时候它就不会执行。但是，do - while 循环不管布尔表达式开始为真还是为假，循环体都会先执行一次。

在生活中往往有一些事情是需要先做然后进行判断的。当第一次的执行逻辑不需要满足循环条件时就可以使用 do - while 循环，例如，参加跑步比赛之前先在操场上跑 30 圈。

1. do - while 循环

其语法结构如下。

```
do{
循环体(循环操作) //先执行一次循环体,再判断布尔表达式
} while(布尔表达式); //循环条件
```

2. do - while 循环的执行流程

可以看出，do - while 循环和 while 循环功能相同，都是执行循环体，但不同的是，do - while 循环的布尔表达式在循环体的后面，因此循环体在判断布尔表达式之前已经执行了一次。循环体执行一次之后 do - while 循环和 while 循环的执行流程就一模一样了。do - while 循环流程图如图 4.13 所示。

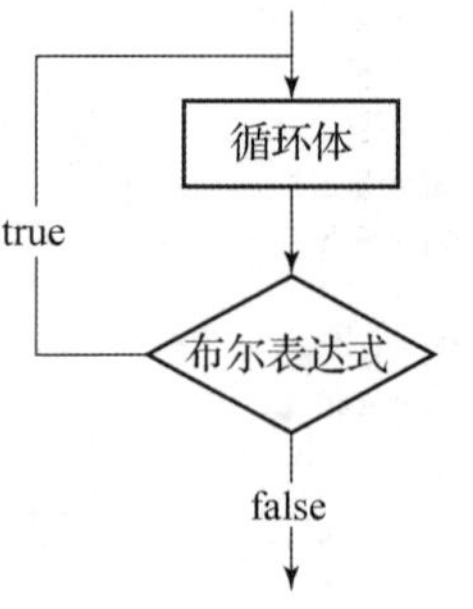

do - while 循环

图 4.13 do - while 循环流程图

注意：当布尔表达式为假时，do - while 循环会执行一次循环体，然后退出循环，但 while 循环一次也不执行循环体。当布尔表达式为真时，do - while 循环和 while 循环没有区别。

【示例 4.5】 使用 do－while 循环求 1～100 的和。

示例 4.5 相关代码如图 4.14 所示。

```
public class do_whileDemo1 {

    public static void main(String[] args) {
        // TODO 自动生成的方法存根
        // 使用do-while循环结构
        int i = 1, sum = 0;
        do {
            sum += i;
            i++;
        } while (i <= 100);
        System.out.println("1~100的和为：" + sum);
    }

}
```

图 4.14　示例 4.5 相关代码

示例 4.5 程序运行结果如图 4.15 所示。

```
控制台 ☒
<已终止> do_whileDemo1 [Java 应用程序] D:\orangeEclipse\jre\bin\javaw.exe (2023年
1~100的和为：5050
```

图 4.15　示例 4.5 程序运行结果

程序分析：do－while 循环是先执行一次循环体，i 的初始值为 1，也就是把 i 先累加到 sum 中，并且自增后判断循环条件为真，再次执行循环体，直到循环条件为假，也就是 i = 101 时退出循环，最后输出 sum 的值。可以发现，只要循环条件一开始为真，do－while 循环和 while 循环的执行结果是一样的。

【示例 4.6】 使用 do－while 循环实现猜数字游戏。要求猜一个 1～100 的数字。然后将猜测的值与实际值进行比较，并给出提示，以便猜测的值更接近实际值，直到猜中为止。

示例 4.6 相关代码如图 4.16 所示。

```

public class Guess {

    public static void main(String[] args) {
        int target = (int)(Math.random())*100+1;//生成一个1~100的
        int guess=0;//用户猜的教
        Scanner input=new Scanner(System.in);//创建输入对象
        do {
            System.out.print("请输入一个1到100的整数:");
            guess =input.nextInt();//获取用户输入
            if(guess< target){//如果猜小了，提示大一点
                System.out.println("大一点");
            }else if(guess >target){//如果猜大了，提示小一点
                System.out.println("小一点");
            }
            }while(guess != target);//直到猜中为止
            System.out.println("恭喜你，猜对了!");//输出结果
    }
}
```

图 4.16　示例 4.6 相关代码

示例 4.6 程序运行结果如图 4.17 所示。

程序分析：随机生成一个 1～100 的整数，通过 Scanner 类获取用户输入的数字，先与随机生成的数字对比，大了就提醒用户输入小一点的数，小了就提醒用户输入大一点的数，直到用户输入的数字与随机生成的数字相等，最后结束循环。

```
问题  @ Javadoc  声明  控制台 ☒
<已终止> Guess [Java 应用程序] E:\java\java软件\java-Eclipse\j
请输入一个1到100的整数:5
小一点
请输入一个1到100的整数:3
小一点
请输入一个1到100的整数:1
恭喜你，猜对了!
```

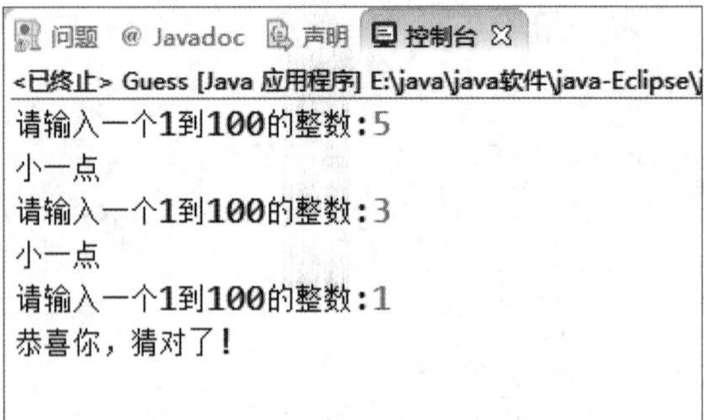

图 4.17　示例 4.6 程序运行结果

【示例 4.7】 找到 10 个整数的最大值并输出。要找到 10 个整数中的最大值，可以使用 do－while 循环来输入这些整数，并在每次迭代中更新最大值。示例 4.7 相关代码如图 4.18 所示。

```java
import java.util.Scanner;
public class MaxValue {

    public static void main(String[] args) {
        Scanner scanner = new Scanner(System.in);
        int max = Integer.MIN_VALUE;
        int count = 0;
        do {
            System.out.println("请输入第" + (++count) + "个整数：");
            int number = scanner.nextInt();
            if (number > max) {
                max = number;
            }
        } while (count < 10);

        System.out.println("最大值是：" + max);
        scanner.close();
    }
}
```

图 4.18　示例 4.7 相关代码

示例 4.7 程序运行结果如图 4.19 所示。

```
问题  @ Javadoc  声明  控制台 ☒
<已终止> MaxValue [Java 应用程序] E:\java\java软件\java-Eclipse\jre\bin\javaw.exe
请输入第1个整数：
2
请输入第2个整数：
3
请输入第3个整数：
4
请输入第4个整数：
5
请输入第5个整数：
6
请输入第6个整数：
7
请输入第7个整数：
8
请输入第8个整数：
9
请输入第9个整数：
10
请输入第10个整数：
56
最大值是：56
```

图 4.19　示例 4.7 程序运行结果

程序分析：要求用户先输入整数，然后与之前的最大值比较，为大者重新赋值，直到10个数字都输入完毕，输出保存的最大数字。

4.2.3 任务实施

实现思路如下。

（1）控制台展示主菜单项。

（2）提示用户从键盘输入菜单编号。

（3）如果菜单编号输入有误，则继续循环，提示重新输入菜单编号。

（4）如果菜单编号正确，则进入相应菜单模块，结束程序。

使用 do – while 循环实现菜单跳转代码如图 4.20 所示。

```java
import java.util.Scanner;  //导包

public class MainMenu {

    public static void main(String[] args) {
        /*
         * 根据用户选择编号进行菜单跳转，若输入有误继续循环
         * （do-while）
         */
        Scanner input=new Scanner(System.in);
        System.out.println("\n欢迎来到山西水情查询系统平台 --》 一级主菜单");
        System.out.println("****************************");
        System.out.println("\t1.信息收集服务");
        System.out.println("\t2.水情查询服务");
        System.out.println("\t3.报汛服务");
        System.out.println("请选择，输入数字:");
        System.out.println("****************************");
        System.out.println("请选择(1-3)，输入数字：");
        boolean flag;   //标识菜单选项是否有误
        do {
            flag = true;
            int choice = input.nextInt(); //存放键盘输入的菜单选项
            switch (choice) {
            case 1:
                System.out.println("正在处理信息收集服务...");
                System.out.println("...随堂练习...");
                break;
            case 2:
                System.out.println("正在处理水情查询服务...");
                System.out.println("...随堂练习...");
                break;
            case 3:
                System.out.println("正在处理报汛服务...");
                System.out.println("...课后作业...");
                break;

            default:
                System.out.println("选择有误，请重新选择(1-3)，输入数字：");
                flag = false;
            }
        } while (!flag);
    }
}
```

图 4.20　使用 do – while 循环实现菜单跳转代码

菜单跳转程序运行结果如图 4.21 所示。

```
控制台 ✕
<已终止> MainMenu (1) [Java 应用程序] D:\orangeEclipse\jre\bin\javaw.exe (2023年7月

欢迎来到山西水情查询系统平台 --》 一级主菜单
****************************
        1.信息收集服务
        2.水情查询服务
        3.报汛服务
请选择，输入数字:
****************************
请选择(1-3)，输入数字：
4
选择有误，请重新选择(1-3)，输入数字：
3
正在处理报汛服务...
...课后作业...
```

图 4.21　菜单跳转程序运行结果

4.2.4 任务总结

对于 while 循环而言，如果不满足条件，则不能进入循环，但有时需要即使不满足条件也至少执行一次循环体，这就需要使用 do - while 循环。

任务 4.3 雨情报汛——for 循环

4.3.1 任务分析

如果降雨量大于等于 16 毫米，则需要向上级相关防汛部门报告，并统计出每天报汛的次数。

4.3.2 知识准备

for 循环是一种非常常见且功能强大的控制结构，用于重复执行一组语句，以便在各种编程场景中提供灵活性，它在各种编程任务中都有广泛的应用，包括但不限于以下几个方面：遍历数组和集合、执行重复任务、处理集合和映射、进行文件和 I/O 操作等。熟练掌握 for 循环有助于编写更高效、清晰和可维护的 Java 程序。

虽然所有循环结构都可以用 while 循环或者 do - while 循环实现，但 Java 语言提供了另一种循环结构——for 循环，它使一些循环操作变得更简单。与 while 循环、do - while 循环不同的是，for 循环执行的次数是在执行前就确定的。

1. for 循环的语法结构

```
for (①表达式1;②表达式2; ④表达式3){
      ③循环体(循环操作)
}
```

2. for 循环的执行流程

（1）for 循环中①②③④表示执行顺序，表达式 1 最先执行，它的作用是为一个或者多个循环变量初始化，表达式 1 也可以是空语句，表达式 1 只被执行一次。

（2）表达式 1 执行完毕后执行表达式 2，表达式 2 是布尔表达式，它的作用是给出循环条件，检测表达式 2 的值，如果是 true，则循环体被执行，如果是 false，则循环体终止，开始执行 for 循环后面的语句。

（3）执行一次循环体后，更新循环变量，也就是执行表达式 3，它的作用是改变循环变量的值（也就是迭代部分）。

（4）表达式 3 执行完毕后，检测表达式 2 的值，也就是再次执行表达式 2。如果表达式 2 的值是 true，则循环体被执行，形成循环体，依次执行表达式 2→表达式 3→表达式 2……直到表达式 2 的值为 false，结束循环，开始执行 for 循环后面的语句。

for 循环流程图如图 4.22 所示。

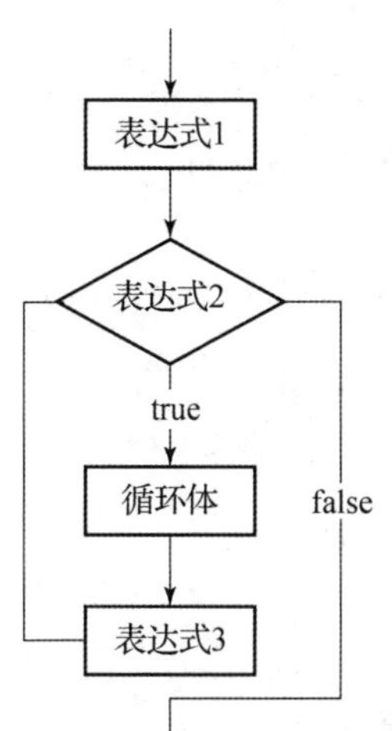

for 循环

图 4.22　for 循环流程图

注意：同样，for 循环的循环体可以是一条或多条语句，如果是一条语句，则“{}”可以省略，如果是多条语句，则“{}”不能省略。表达式 1～表达式 3 都可以省略，但分号“;”都不能省略。

【示例 4.8】使用 for 循环求 1～100 的和。

示例 4.8 相关代码如图 4.23～图 4.25 所示。

```
public class ForDemo1 {

    public static void main(String[] args) {
        // TODO 自动生成的方法存根
        //使用for循环结构
        int sum = 0;
        for (int i = 1; i <= 100; i++) {
            sum += i;
        }
        System.out.println("1-100的和为：" + sum);
    }

}
```

图 4.23　示例 4.8 相关代码（1）

```
public class ForDemo1 {

    public static void main(String[] args) {
        // TODO 自动生成的方法存根
        // 使用for循环结构
        int i, sum = 0;
        for (i=1; i <= 100; i++) {
            sum += i;
        }
        System.out.println("1-100的和为：" + sum);
    }

}
```

图 4.24　示例 4.8 相关代码（2）

```java
public class ForDemo1 {

    public static void main(String[] args) {
        // TODO 自动生成的方法存根
        // 使用for循环结构
        int i=1, sum = 0;
        for (; i <= 100; i++) {
            sum += i;
        }
        System.out.println("1-100的和为：" + sum);
    }

}
```

图 4.25　示例 4.8 相关代码（3）

示例 4.8 程序运行结果如图 4.26 所示。

```
控制台 ☒
<已终止> ForDemo1 [Java 应用程序] D:\orangeEclipse\jre\bin\javaw.exe（2023年7月
1-100的和为：5050
```

图 4.26　示例 4.8 程序运行结果

程序分析：示例 4.8 程序中 for 循环表达式 1 的值可以声明在 for 循环内（图 4.23），也可以声明和初始化均放在 for 循环外（图 4.24），这时表达式 1 缺省。这时 i 的值满足表达式 2（i <= 100），则执行循环体的 sum 累加，然后 i 自增，再判断是否满足表达式 2，直到 i 的值为 101 时退出循环，最后输出 sum 的值。

注意：若 i 的声明和初始化如图 4.23 所示，则变量 i 在 for 循环结束后则不能使用，称为局部变量。反之，若变量 i 声明在类中，如图 4.24 和图 4.25 所示，则 i 称为全局变量。

【示例 4.9】 有个人想知道一年之内一对新生兔子能繁殖多少对小兔子，于是此人筑了一道围墙，把一对兔子关在里面。已知一对兔子每个月可以生一对小兔子，每对小兔子从出生后第 3 个月起每月生一对小兔子。假如一年内没有发生死亡现象，那么，一对兔子一年内（12 个月）能繁殖多少对小兔子？

示例 4.9 相关代码如图 4.27 所示。

```java

public class Rabbit {

    public static void main(String[] args) {
        int sum = 0;
        int tu1 =1,tu2 = 1;//tu1是第一个月的兔子数，tu2是第二个月的兔子数
        for(int a=3;a<=12;a++){
            sum = tu1 + tu2;
            tu2 = tu1;
            tu1 = sum;
        }
        System.out.println("第12个月的月末兔子的数量 为:"+sum+"对");
    }

}
```

图 4.27　示例 4.9 相关代码

示例 4.9 程序运行结果如图 4.28 所示。

程序分析：兔子的数量符合斐波那契数列，从第 3 个月开始，每个月的兔子数量都与前两个月的总数量相等，将前两个月的兔子数量之和赋给最后一个月，一直循环到第 12 个月，即可得出年末的兔子总数。

问题 @ Javadoc 声明 控制台
<已终止> Rabbit [Java 应用程序] E:\java\java软件\java-Eclipse
第12个月的月末兔子的数量 为:144对

图 4.28　示例 4.9 程序运行结果

【**示例 4.10**】输出加法表。

示例 4.10 相关代码如图 4.29 所示。

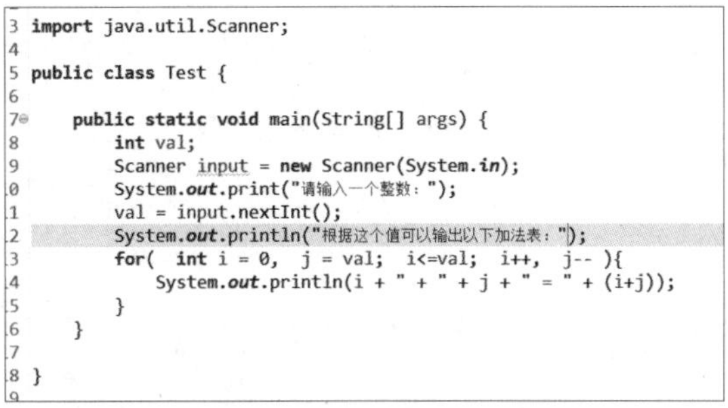

```java
import java.util.Scanner;

public class Test {

    public static void main(String[] args) {
        int val;
        Scanner input = new Scanner(System.in);
        System.out.print("请输入一个整数：");
        val = input.nextInt();
        System.out.println("根据这个值可以输出以下加法表：");
        for(  int i = 0,  j = val;  i<=val;  i++,  j-- ){
            System.out.println(i + " + " + j + " = " + (i+j));
        }
    }

}
```

图 4.29　示例 4.10 相关代码

示例 4.10 程序运行结果如图 4.30 所示。

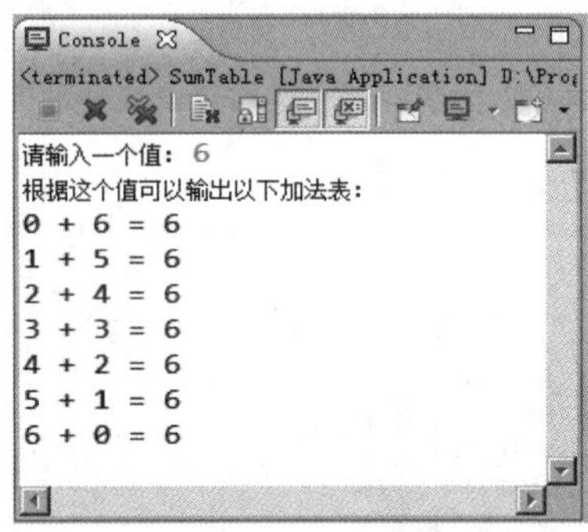

图 4.30　示例 4.10 程序运行结果

程序分析：

加法表的输出使用 for 循环。

（1）循环初始化：i = 0，j = 输入值。

（2）循环条件：i <= 输入值。

（3）循环操作：计算 i + j。

（4）循环变量的改变：i ++ ，j -- 。

从上面的学习中，可以看出三种循环结构的区别如下。

（1）while 循环是先判断条件，条件为真时才执行循环体，条件为假时退出循环。有可能循环体一次也不执行。

（2）do – while 循环是执行一次循环体，再判断条件，条件为真时继续执行循环体，条件为假时退出循环，至少执行一次循环体。

（3）for 循环和 while 循环、do – while 循环语句的最大区别是 for 循环一般用在已知循环次数的情况下。

4.3.3 任务实施

实现思路如下。

（1）通过循环获得降雨量大于等于 16 毫米的统计：count ++。

（2）条件判断：如果降雨量小于 16 毫米，则不执行 count ++，直接进入下一次循环。

使用 for 循环实现雨情报汛代码如图 4.31 所示。

```java
import java.util.Scanner;

public class BaoXun {

    public static void main(String[] args) {
        /*
         * 雨情报汛：检测当前降雨量是否需要报汛，并输出某一天报汛次数
         * （for、continue）
         */

        Scanner input=new Scanner(System.in);
        System.out.println("***统计一天的报汛次数***");
        int count=0;  //计数器

        //录入并检测当前降雨量是否需要报汛
        for(int i=0;i<24;i++){
            System.out.print("请录入7月19日的"+(i+1)+"时的降雨量(mm):");
            double jangYuLiang=input.nextDouble();

            if(jangYuLiang<16){ //如果降雨量小于16毫米，立马检测下一个小时的降雨情况
                continue;   //结束本次循环，继续下一次循环
            }
            System.out.println("当前需要立即向上级相关部门报汛！");
            count++;    //次数+1
        }

        System.out.println("\n7月19日当天一共报汛了"+count+"次");
    }

}
```

图 4.31　使用 for 循环实现雨情报汛代码

雨情报汛程序运行结果如图 4.32 所示。

```
控制台 ⊠
<已终止> BaoXun [Java 应用程序] D:\orangeEclipse\jre\bin\javaw.exe（2023年7月3
***统计一天的报汛次数***
请录入7月19日的1时的降雨量(mm):10
请录入7月19日的2时的降雨量(mm):15
请录入7月19日的3时的降雨量(mm):0
请录入7月19日的4时的降雨量(mm):3
请录入7月19日的5时的降雨量(mm):4
请录入7月19日的6时的降雨量(mm):18
当前需要立即向上级相关部门报汛！
请录入7月19日的7时的降雨量(mm):20
当前需要立即向上级相关部门报汛！
请录入7月19日的8时的降雨量(mm):10
请录入7月19日的9时的降雨量(mm):5
请录入7月19日的10时的降雨量(mm):6
请录入7月19日的11时的降雨量(mm):16
当前需要立即向上级相关部门报汛！
请录入7月19日的12时的降雨量(mm):10
请录入7月19日的13时的降雨量(mm):1
请录入7月19日的14时的降雨量(mm):7
请录入7月19日的15时的降雨量(mm):5
请录入7月19日的16时的降雨量(mm):12
请录入7月19日的17时的降雨量(mm):4
请录入7月19日的18时的降雨量(mm):17
当前需要立即向上级相关部门报汛！
请录入7月19日的19时的降雨量(mm):2
请录入7月19日的20时的降雨量(mm):9
请录入7月19日的21时的降雨量(mm):0
请录入7月19日的22时的降雨量(mm):4
请录入7月19日的23时的降雨量(mm):0
请录入7月19日的24时的降雨量(mm):15

7月19日当天一共报汛了4次
```

图 4.32　雨情报汛程序运行结果

4.3.4 任务总结

在某些情况下，对于已知循环次数的情况，for 循环在语法上更为简明，能够提高代码的可读性和可维护性，使程序更易于理解和修改。

任务 4.4 控制用户管理——跳转语句

4.4.1 任务分析

有些程序需要把控制转移到其他部分，这需要使用跳转语句实现。有些问题需要多重条件判断才能得到正确的结果，通过嵌套的循环和条件语句，可以实现多层条件判断，处理复杂的条件逻辑。在设计和实现多重循环时，应注意考虑算法优化和代码简洁性，避免不必要的嵌套循环和重复计算。

在 Java 语言提供了 break 语句和 continue 语句，用于控制流程转移。

4.4.2 知识准备

1. 循环嵌套常用格式

循环嵌套

1）格式 1

```
for(;;){//外层循环开始
    for(;;){//内层循环开始
          循环体
     }//内层循环结束
  }//外层循环结束
```

2）格式 2

```
while(){//外层循环开始
  for(;;){//内层 for 循环开始
      do{//内层 do - while 循环开始
      循环体
      }while();//内层 do - while 循环结束
         }//内层 for 循环结束
     } //外层循环结束
```

当然，循环嵌套格式还有很多，这里不一一列举。

2. break 语句

break 语句

在前面的选择结构学习中，已知 break 语句可用于 switch 语句中，用来终止 switch 语句的某个分支。同样，break 也可以用于 while、do - while、for 语句中，在循环程序中遇到 break 语句时，其后的语句将不再执行，循环也停止执行，程序将跳到循环体外的下一条语句执行。break 语句通常与 if 语句一起使用。

3. continue 语句

continue 语句适用于任何循环控制语句，其作用是让程序立刻跳转到下一次循环的迭代。在 for 语句中，continue 语句使程序跳转到表达式 3，继而继续判断布尔表达式，决定是否执行下一次循环。在 while 语句和 do－while 语句中使用 continue 语句时，当程序执行到 continue 语句时，则结束本次循环，继续判断布尔表达式，如果为真，则继续执行下一次循环。continue 语句只能用在循环语句中。

【示例 4.11】某运动员挑战比赛等级，当输入为 y 时继续挑战，当输入 n 时结束挑战，从 1 级开始挑战，当挑战级数超过 5 级时则表示挑战成功，在控制台输出挑战结果。

示例 4.11 相关代码如图 4.33 所示。

```
1 import java.util.Scanner;
2 
3 public class BreakDemo {
4 
5     public static void main(String[] args) {
6         // TODO 自动生成的方法存根
7         // 在while中使用break语句
8         int i = 1;
9         String answer;
10        Scanner input = new Scanner(System.in);
11        System.out.print("是否继续挑战(y/n):");
12        answer = input.next();
13        while (answer.equals("y")) {
14            System.out.print("是否继续挑战(y/n):");
15            answer = input.next();
16            if (answer.equals("n")) {
17                break;
18            }
19            i++;
20        }
21        if (i>= 5) {
22            System.out.println("恭喜您，挑战成功！挑战级数为：" + i);
23        } else {
24            System.out.println("很遗憾，挑战失败！挑战级数为：" + i);
25        }
26
27    }
28
29 }
```

图 4.33　示例 4.11 相关代码

示例 4.11 程序运行结果如图 4.34、图 4.35 所示。

```
控制台 ☒
<已终止> BreakDemo (1) [Java 应用程序] D:\orangeEclipse\jre\bin\javaw.exe (2023年7月
是否继续挑战(y/n):n
很遗憾，挑战失败！挑战级数为：1
```

图 4.34　示例 4.11 程序运行结果（挑战失败）

```
控制台 ☒
<已终止> BreakDemo (1) [Java 应用程序] D:\orangeEclipse\jre\bin\javaw.exe (2023年7月
是否继续挑战(y/n):y
是否继续挑战(y/n):y
是否继续挑战(y/n):y
是否继续挑战(y/n):y
是否继续挑战(y/n):y
是否继续挑战(y/n):n
恭喜您，挑战成功！挑战级数为：5
```

图 4.35　示例 4.11 程序运行结果（挑战成功）

程序分析：程序中第 8 行默认挑战等级为 1 级，当 answer 的值为 y 时，进入第 13 行 while 循环体，当再次接受挑战时，第 16 行的 if 语句不执行，i 的值自增后再次执行 while 循环，直到不再接受挑战时执行第 16 行的 if 语句，遇到 break 语句立即跳出循环体，表示结束挑战，最后输出挑战的结果和等级数。

注意：在示例 4.11 中不能确定挑战次数（循环次数），因此最好选择使用 while 循环或者 do－while 循环。

【示例 4.12】循环录入某学生 3 门课的成绩并计算平均分。如果某分数录入为负，则停止录入并提示录入错误。

示例 4.12 相关代码如图 4.36 所示。

```java
import java.util.Scanner;

public class Prompt {

    public static void main(String[] args) {
        int score,sum=0;
        boolean isNegative;
        Scanner input = new Scanner(System.in);
        System.out.print("输入学生姓名: ");
        String name = input.next();
        for(int i = 0; i < 3; i++){          //循环3次录入3门课成绩
            System.out.print("请输入第" + (i+1) + "门课的成绩: ");
            score = input.nextInt();
                if(score < 0){      //输入负数
                    isNegative = true;
                    System.out.println("抱歉，分数录入错误，请重新进行录入！");
                    break;
                }
                sum = sum + score;          //累加求和
        }
    }
}
```

图 4.36　示例 4.12 相关代码

示例 4.12 程序运行结果如图 4.37 所示。

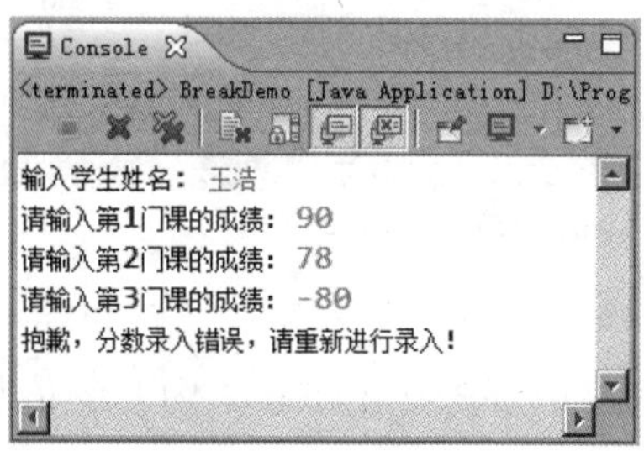

图 4.37　示例 4.12 程序运行结果

程序分析：循环录入成绩，判断录入的正确性，若录入错误，则使用 break 语句跳出循环；否则，累加求和。

【示例 4.13】1～10 的整数相加，得到累加值大于 20 的当前数。

示例 4.13 相关代码如图 4.38 所示。

```java
public class AdditivePartialSum {

    public static void main(String[] args) {
        int sum = 0;
        for (int i = 1; i <= 10; i++) {
            sum += i;
            if (sum > 20) {
                System.out.println("累加值超过20的当前数为: " + i);
                break;
            }
        }

    }

}
```

图 4.38　示例 4.13 相关代码

示例 4.13 程序运行结果如图 4.39 所示。

程序分析：先使用循环进行累加（1～10），接着判断累加值是否大于 20，如果大于 20，则跳出循环，并打印当前值。

图 4.39　示例 4.13 程序运行结果

【示例 4.14】使用 for 循环求 100 之内 3 的倍数和。

示例 4.14 相关代码如图 4.40 所示。

```
1 public class ContinueDemo {
2
3     public static void main(String[] args) {
4         // TODO 自动生成的方法存根
5         // 在for循环结构中使用continue语句
6         int sum = 0;
7         for (int i = 1; i <= 100; i++) {
8             if (i % 3 != 0) {
9                 continue;
10            }
11            sum += i;
12
13        }
14        System.out.println("100之内中3的倍数的和为：" + sum);
15    }
16
17 }
```

图 4.40　示例 4.14 相关代码

示例 4.14 程序运行结果如图 4.41 所示。

```
控制台
<已终止> ContinueDemo (2) [Java 应用程序] D:\orangeEclipse\jre\bin\javaw.exe (2023年
100之内中3的倍数的和为：1683
```

图 4.41　示例 4.14 程序运行结果

程序分析：在示例 4.14 程序中要先找出 100 之内 3 的倍数，不满足条件的不能累加到 sum 中，因此程序的第 8 行 if 条件为真时，证明此数不是 3 的倍数，要用 continue 语句结束本轮循环，如果此数是 3 的倍数，则不会执行第 8 ~ 10 行的语句，但会执行累加，最后输出 sum 的值即 100 之内 3 的倍数和。

【示例 4.15】循环录入 Java 课程的学生成绩，统计分数大于等于 80 分的学生比例。

示例 4.15 相关代码如图 4.42 所示。

```
import java.util.Scanner;

public class Rate {

    public static void main(String[] args) {
        int score;
        int num = 0;
        Scanner input = new Scanner(System.in);
        System.out.print("输入班级总人数：");
        int total = input.nextInt();
        for (int i = 0; i < total; i++) {
            System.out.print("请输入第" + (i + 1) + "位学生的成绩：");
            score = input.nextInt();
            if (score < 80) {
                continue;
            }
            num++;
        }
        System.out.println("80分以上的学生人数是：" + num);
        double rate = num *1.0 / total * 100; //计算比例
        System.out.println("80分以上的学生所占的比例为：" + rate + "%");
    }

}
```

图 4.42　示例 4.15 相关代码

示例 4. 15 程序运行结果如图 4. 43 所示。

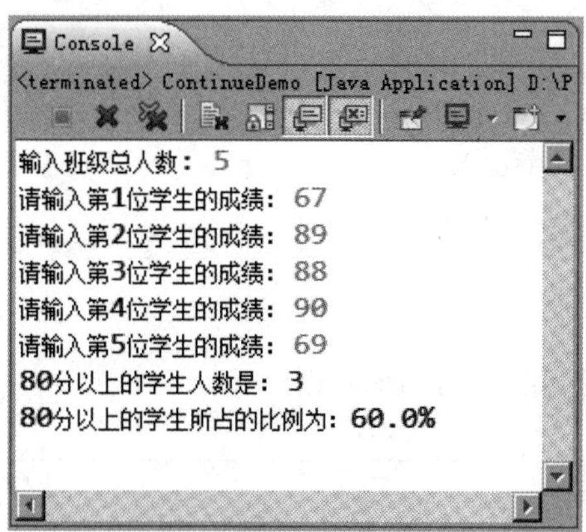

图 4. 43　示例 4. 15 程序运行结果

程序分析：通过循环，获得成绩大于等于 80 分的学生人数，再进行判断，如果成绩 <80 分，则不执行 num ++，直接进入下一次循环。

【例 4. 16】 输出 1 ~ 10 之间所有奇数。

示例 4. 16 相关代码如图 4. 44 所示。

```
public class ContinueExample {

    public static void main(String[] args) {
        for (int i = 1; i <= 10; i++) {
            if (i % 2 == 0) {
                continue; // 如果i是偶数，跳过循环体的剩余部分
            }
            System.out.println(i); // 如果i是奇数，打印i的值
        }

    }

}
```

图 4. 44　示例 4. 16 相关代码

示例 4. 16 程序运行结果如图 4. 45 所示。

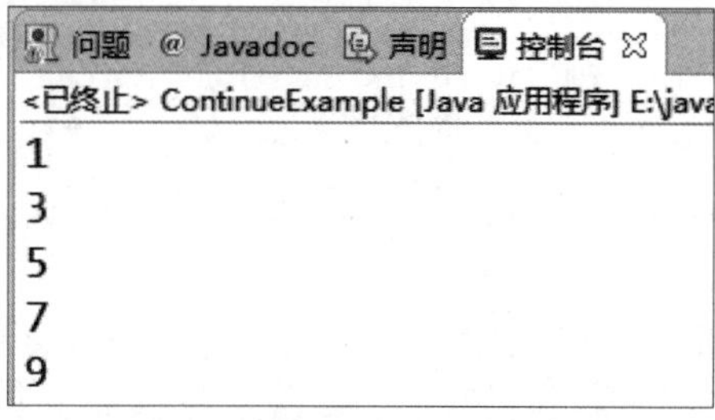

图 4. 45　示例 4. 16 程序运行结果

程序分析：若数字是偶数，则跳出当前循环；若数字是奇数，则直接将其打印输出。

【例 4. 17】 在控制台输出九九乘法表。

示例 4. 17 相关代码如图 4. 46 所示。

```java
1  public class XunHuanDemo {
2
3      public static void main(String[] args) {
4          // TODO 自动生成的方法存根
5          // 使用循环嵌套输出九九乘法表
6          for (int row = 1; row < 10; row++) {
7              for (int col = 1; col <= row; col++) {
8                  System.out.print(col + "*" + row + "=" + row * col + "\t");
9              }
10             System.out.println();
11         }
12     }
13
14 }
```

图 4.46　示例 4.17 相关代码

示例 4.17 程序运行结果如图 4.47 所示。

```
控制台
<已终止> XunHuanDemo [Java 应用程序] D:\orangeEclipse\jre\bin\javaw.exe (2023年7月30日 下午5:07:35)
1*1=1
1*2=2	2*2=4
1*3=3	2*3=6	3*3=9
1*4=4	2*4=8	3*4=12	4*4=16
1*5=5	2*5=10	3*5=15	4*5=20	5*5=25
1*6=6	2*6=12	3*6=18	4*6=24	5*6=30	6*6=36
1*7=7	2*7=14	3*7=21	4*7=28	5*7=35	6*7=42	7*7=49
1*8=8	2*8=16	3*8=24	4*8=32	5*8=40	6*8=48	7*8=56	8*8=64
1*9=9	2*9=18	3*9=27	4*9=36	5*9=45	6*9=54	7*9=63	8*9=72	9*9=81
```

图 4.47　示例 4.17 程序运行结果

程序分析：本程序先写第 6 行的外层循环，也就是行数 row 的值为 1～9，所以 row < 10 或者 row <= 9 都可以，然后写第 7 行的内层循环，即九九乘法表每行的列数，每行的列数等于每行的行数，例如，第一行有一列，第二行有两列，……，第九行有九列；在内层循环中还需写第 8 行的打印语句，其中变化的数即变量，不变的乘号和等号用双引号括住；人们习惯将列号放在前面，将行号放在后面，然后行列相乘，使用制表符“\t”使中间空格一样长；最后第 10 行表示每行结束就换行，即内层循环结束就换行。

【例 4.18】嵌套循环输出左直角形星星。

示例 4.18 相关代码如图 4.48 所示。

```java
public class Star {

    public static void main(String[] args) {
        int line = 6;//外层循环控制
        for(int i=1;i<= line; i++){//每行星星个数 == 行号
            for(int j=1;j<= i; j++){
                System.out.print("*");
            }
            System.out.println();
        }
    }

}
```

图 4.48　示例 4.18 相关代码

示例 4.18 程序运行结果如图 4.49 所示。

程序分析：外层 for 循环控制星星的总行数，内层 for 循环控制每行的星星数量，每行的星星输出完成之后执行外层循环，直到 6 行全部输出完成。

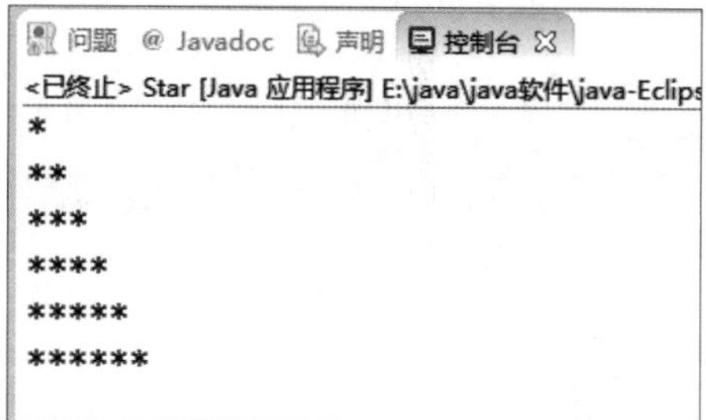

图 4.49　示例 4.18 程序运行结果

【示例 4.19】 循环输出正三角形星星。

示例 4.19 相关代码如图 4.50 所示。

```
public class Star {

    public static void main(String[] args) {
        for (int i = 1; i <= 5; i++) {
            // 打印空格
            for (int j = 0; j < 5 - i; j++) {
                System.out.print(" ");
            }
            // 打印星号
            for (int j = 0; j < 2 * i - 1; j++) {
                System.out.print("*");
            }
            // 新的一行
            System.out.println();
        }
    }
```

图 4.50　示例 4.19 相关代码

示例 4.19 程序运行结果如图 4.51 所示。

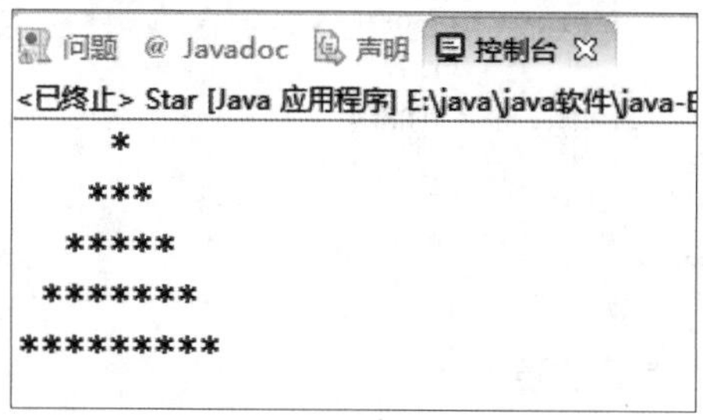

图 4.51　示例 4.19 程序运行结果

4.4.3 任务实施

完成用户登录：限制 3 次登录机会，登录次数用完则在控制台打印 3 遍“对不起，3 次输入错误，系统将锁定 5 分钟!”。

实现思路如下。

（1）循环 3 次以录入用户名和密码，判断录入是否正确。

（2）若录入正确，则使用 break 语句直接跳出循环；否则继续录入。

（3）如果 3 次登录机会使用完毕，则输出 3 遍提示信息。

使用 for 循环实现用户登录代码如图 4. 52 所示。

```java

import java.util.Scanner;

public class LoginUser {

    public static void main(String[] args) {
        /*
         * 用户登录：限制3次登录机会，次数用完则在控制台打印3遍"对不起，3次输入错误，系统将锁定5分钟！"
         * （for、break、变量作用域）
         */

        Scanner sc = new Scanner(System.in);
        int i=1;
        //3次用户登录机会
        for(;i<=3;i++){
            System.out.println("\n******用户登录******");
            System.out.print("请输入用户名:");
            String userName = sc.next();
            System.out.print("请输入密码:");
            String password = sc.next();

            if ("admin".equals(userName) && "123".equals(password)) {
                System.out.println("\n欢迎管理员使用山西水情业务系统平台-->主菜单");
                break;  //直接跳出循环
            } else {
                System.out.println("输入有误!你还有"+(3-i)+"次机会");
            }
        }
        //3遍"对不起，3次输入错误，系统将锁定5分钟！"
        if(i>3){
            for(int j=0;j<3;j++){
                System.out.println("对不起，3次输入错误，系统将锁定5分钟！");
            }
        }

    }

}
```

图 4. 52　使用 for 循环实现用户登录代码

用户登录程序运行结果如图 4. 53、图 4. 54 所示。

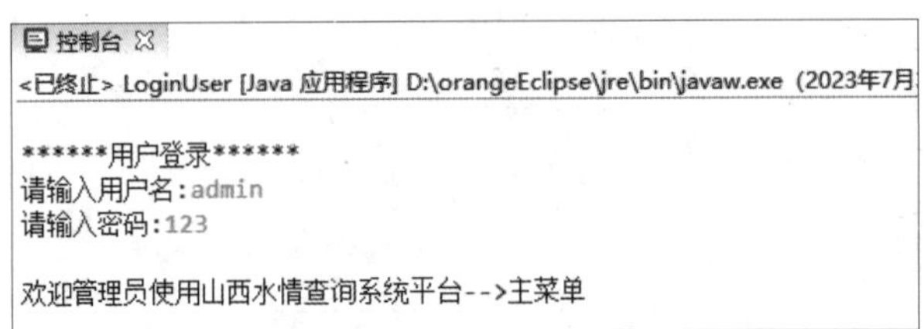

图 4. 53　用户登录程序运行结果（成功）

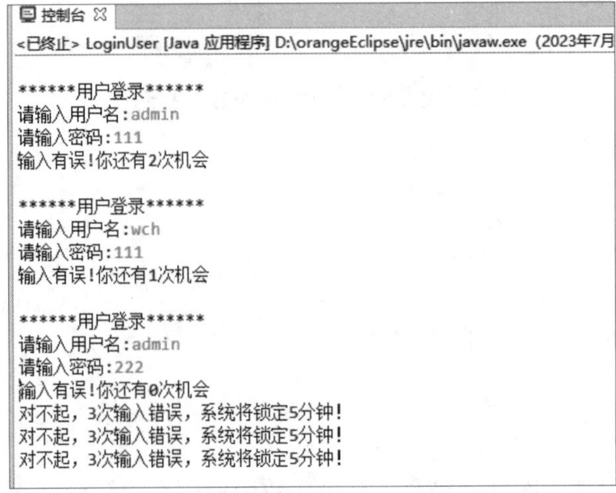

图 4. 54　用户登录程序运行结果（失败）

4. 4. 4　任务总结

在实际应用中，循环体中经常需要包含循环，这就需要使用多重循环，这种结构称为循环嵌套。被包含的循环称为内层循环，内层循环还可以继续包含循环，包含循环的循环称为

外层循环。循环嵌套既可以是一种循环语句自身的嵌套，也可以是不同循环语句的相互嵌套，也就是说 for 语句、while 或者 do – while 语句之间可以互相嵌套，然后结合跳转语句完成相应程序功能。

【项目评价】

项目分值比		考核方式	评价标准（掌握程度）				
			优	良	中	及格	不及格
线上考核（30%）	10%	章节测验	≥90 分	80（含）~90（不含）分	70（含）~80（不含）分	60（含）~70（不含）分	<60 分
	10%	音视频	≥90 分	80（含）~90（不含）分	70（含）~80（不含）分	60（含）~70（不含）分	<60 分
	10%	讨论次数	≥90 分	80（含）~90（不含）分	70（含）~80（不含）分	60（含）~70（不含）分	<60 分
线下考核（40%）	5%	课堂提问	≥90 分	80（含）~90（不含）分	70（含）~80（不含）分	60（含）~70（不含）分	<60 分
	5%	随堂测验	≥90 分	80（含）~90（不含）分	70（含）~80（不含）分	60（含）~70（不含）分	<60 分
	30%	4 个任务	≥90 分	80（含）~90（不含）分	70（含）~80（不含）分	60（含）~70（不含）分	<60 分
实战练习（30%）	30%	练习题	≥90 分	80（含）~90（不含）分	70（含）~80（不含）分	60（含）~70（不含）分	<60 分
合　计	100%						

【项目小结】

通过本项目的学习，读者能够全面理解和掌握 while 循环、do – while 循环和 for 循环的基本概念、用法和应用，能够掌握跳转语句的功能，能够理解和应用双重循环，灵活掌握其使用方法，提升编程能力和问题解决能力。同时，读者还将培养逻辑思维能力、创造性思维能力和算法优化能力，为今后在编程领域的发展打下坚实的基础。然而，需要注意双重循环的合理使用，以避免代码冗余和逻辑混乱，同时关注程序的效率和性能，进一步提升编程能力和问题解决能力。

【实战练习】

一、单选题

1. 下列关于 while 循环、do – while 循环和 for 循环的说法中错误的是（　　）。

A. while 循环有入口条件，do - while 循环没有入口条件

B. do - while 循环结束的条件是 while 语句后的判断语句成立

C. for 循环结构中的三个表达式缺一不可

D. 只有在循环次数固定的情况下，才能使用 for 循环

2. 下列有关 for 循环的描述中正确的是（　　）。

A. for 循环体可以包含多条语句，但要用大括号括起来

B. for 循环只能用于循环次数已经确定的情况

C. 在 for 循环中，不能使用 break 语句跳出循环

D. for 循环是先执行循环体，后进行条件判断

3. 下列关于 Java 程序流程控制语句的说法中错误的是（　　）。

A. break 语句用于跳出循环，执行循环体外面的语句

B. switch case 语句适用于等值条件判断

C. continue 语句用于终止本次循环，进入下一次循环

D. break 语句只能用在循环语句中

4. 在 for 循环中，以下（　　）部分是可选的。

A. 初始化语句　　B. 条件表达式　　C. 循环体　　D. 迭代语句

5. 下面的程序片段的输出结果是（　　）。

```
int i = 0, j = 9;
do {
if(i++ > --j)
break;
} while(i < 4);
System.out.println("i = " + i + " and j = " + j);
```

A. i = 4 and j = 4　　B. i = 5 and j = 5

C. i = 5 and j = 4　　D. i = 4 and j = 5

二、简答题

1. 编写程序，求 n!（阶乘）之和（n = 5）。

2. 编写程序，对输入的任一整数，按相反顺序输出该数。例如，输入“1314”，则输出“4131”。

3. ［猴子吃桃子问题］猴子第一天摘下若干个桃子，当即吃了一半，还不过瘾，又多吃了一个；第二天早上又将剩下的桃子吃掉一半，又多吃了一个；以后每天早上都吃了前一天剩下的一半零一个，到第 10 天早上想再吃时，只剩下一个桃子。求猴子在第一天一共摘了多少个桃子。

4. 可以用 for 语句代替 while 语句使用吗？

项目五

水情查询系统预警

【学习目标】

1. 素质目标

（1）可持续学习：通过使用数组，培养持续学习能力，不断拓展和应用与数组相关的知识和技能。

（2）创造性思维：通过解决实际应用中的数组问题，激发创造性思维，提出创新的数组使用方案；通过生成随机数，培养创造性思维，在解决问题时尝试不同的方法和想法。

（3）问题解决能力：通过使用数组解决复杂问题，培养问题解决能力。

2. 知识目标

（1）数组的基本概念：了解数组是一种存储固定大小、相同类型元素的数据结构。

（2）数组的创建与初始化：学习数组的创建和初始化方式，包括静态初始化和动态初始化。

（3）数组的访问和操作：熟悉如何访问和操作数组元素，包括通过索引操作数组、遍历数组等。

（4）随机数的概念：了解随机数的定义和特性，包括随机性、均匀性和不相关性。

3. 能力目标

（1）数组的应用能力：能够将数组应用于解决实际问题，如数据统计、排序、查找等。

（2）数组的算法设计能力：具备设计和实现针对数组的算法的能力，如冒泡排序、二分查找等。

（3）代码调试和排错能力：具备代码调试和排错的能力，找出数组操作过程中的错误并进行修正。

（4）随机性和随机数的概念：了解随机性的定义和基本概念，理解随机数的本质和特征。

【学习任务】

前面已介绍过如何定义和使用一个变量。如果要求输出一个班的 40 个学生的姓名，如何解决这个问题？可以定义 40 个变量吗？显然定义变量的数量太多，不利于数据处理。Java 语言的数组可以有效解决此类问题。同样，在水情查询系统中，雨情采集和信息编辑等功能也可以用数组批量处理。

任务 5.1 雨情报汛——一维数组

5.1.1 任务分析

在水情查询系统项目开发中，检测当前降雨量是否需要报汛，并输出某一天的报汛次数。

5.1.2 知识准备

1. 数组的定义

在 Java 语言中，数组就是同一种类型数据的有序集合，数组由相同类型的若干个数据按照一定的先后次序排列组合而成。数组就是一个变量，数组中的每个元素都属于同一个数据类型。可以通过下标（索引号）来访问它们。例如，全班 40 个学生的姓名都是字符串类型，可以存储在一个字符串数组中，如用 names[40]来代替声明 40 个独立变量。

数组的定义

2. 声明数组变量

必须声明数组变量，才能在程序中使用数组。声明一维数组的语法格式如下。

```
数据类型[] 数组名;//一个[]代表一维数组,[]可以放在数组名前面,也可以放在数组名后面
```

或者

```
数据类型 数组名[];
```

其中，数组名的命名规则与变量的命名规则一样，只要是一个合法的变量名就可以。声明数组就是告诉计算机该数组的类型是什么。例如：

```
String[] names;//声明一个数组,存储学生的姓名,类型为 String
int scores[];  //声明一个数组,存储学生的成绩,类型为 int
```

3. 创建数组

声明数组后还不能使用数组，因为还没有给数组分配存储空间，需要通过创建数组来为数组分配连续的存储空间。Java 语言中使用 new 运算符创建数组，语法格式如下：

```
数组名 =new 数据类型[数组长度];
```

其中，数组长度必须是大于 0 的整数，表示数组元素的个数。例如：

```
names =new String[40];//创建一个长度为 40 的 String 类型数组
scores =new int[40]; //创建一个长度为 40 的 int 类型数组
```

可以将数组的声明与创建写在一起，语法格式如下。

```
数据类型[] 数组名 = new 数据类型[数组长度];
```

例如，上面的两个数组可以这样同时声明与创建：

```
String[] names = new String[40];//存储 40 个学生姓名
int[] scores = new int[40]; //存储 40 个学生成绩
```

注意：数组一旦创建其长度就不能修改，也就是说数组的长度是固定不变的。同一个数组中的元素必须是相同的数据类型，不允许出现混合类型。Java 语言中通过“数组名.length”来访问数组的长度。

数组在创建过程中的内存分配情况如图 5.1 所示。

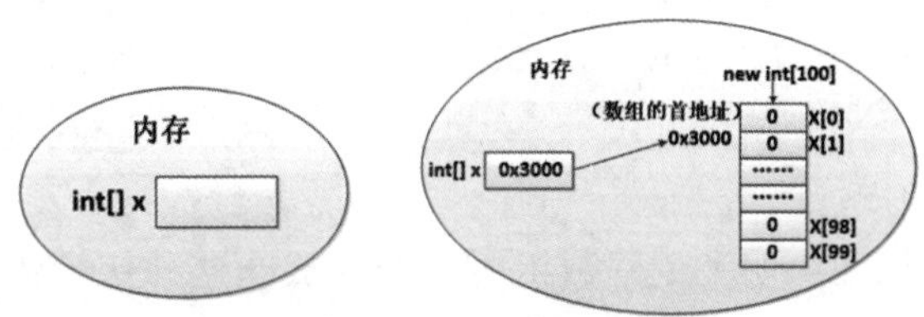

图 5.1　数组在创建过程中的内存分配情况

当数组被成功创建后，数组中的元素会被自动赋予一个默认值，根据元素类型的不同，默认的初始值也不一样。数据元素默认初始值见表 5.1。

表 5.1　数据元素默认初始值

数据类型	默认初始值
byte、short、int、long	0
float、double	0.0
char	一个空字符，即'\u0000'
boolean	false
引用数据类型	null，表示变量不引用任何对象

4. 数组初始化

创建数组后就可以为数组元素赋值了，数组元素是通过索引访问的，方式如下。

```
数组名[下标];//下标是索引号,是大于等于 0、小于数组长度的一个整数,每个下标从 0 开始顺序递增,下标的合法区间是[0,length-1],也就是数组的第一个元素是数组名[0],最后一个元素是数组名[数组名.length-1],一共有数组名.length 个数组元素。
```

可以通过以下方式对数组进行初始化，这种方式称为动态初始化。

```
String[] names = new String[40];
names[0] = “李三”;
names[1] = “钱四”;
```

一维数组

字符串类型中其他未赋值的数组元素默认值为 null，整型默认值为 0，实型默认值为 0.0，布尔默认值为 false。

数组一旦越界访问，程序就会报错。例如：

```
System.out.println(names[40]);//系统报错,引发越界异常
```

数组初始化时，为数组元素逐个赋值太烦琐。既然数组的下标是有规律的，那么可以结合 for 循环遍历数组或者为数组元素赋值，从而大大简化程序。例如：

```
Scanner input = new Scanner(System.in);
String[] names = new String[40];
for (int i = 0; i < names.length; i ++) {
names[i] = input.next();
}
```

数组的初始化还可以在声明和创建数组时一起完成，这种初始化方式称为静态初始化。例如：

```
int[] numbers = new int[]{1,2,3,4,5};//完整格式
int[] numbers = {1,2,3,4,5};//简化格式
```

以上两种方式都可以初始化数组元素，但下面的初始化方式是错误的：

```
int[] numbers;
numbers = {1,2,3,4,5};
```

上面两条语句编译时都会出错，因为创建数组并初始化的方式必须在一条语句中完成。

【示例 5.1】求一维数组的和、平均值。

案例演示

实现思路如下。

（1）定义 int 一维数组（长度为 5）、int 总和、double 平均值。

（2）for 循环次数为数组长度，循环输入数组元素的值并赋值到数组对应的位置，在循环的过程中，每输入一个数组元素就把各数组元素相加并将总和的值赋给总和变量。

（3）根据总和和数组长度计算平均值。

（4）输出总和、平均值。

示例 5.1 相关代码如图 5.2 所示。

示例 5.1 程序运行结果如图 5.3 所示。

程序分析：声明一个一维数组，再声明 sum 和 avg 两个变量，sum 的初始值为 0；第 12 ~ 15 行通过 for 循环为每个数组元素赋值并累加到 sum 中；循环结束后第 16 行表示通过 sum 除以数组元素的个数来获取 avg 的值，avg 是 double 类型的，以防止损失精度，需要把 sum 强制类型转换成 double 类型再进行计算；最后输出 sum 和 avg 的值。

【示例 5.2】求一维数组的最大值和最小值。

实现思路如下。

（1）创建一个长度为 5 的 int 类型的一维数组。

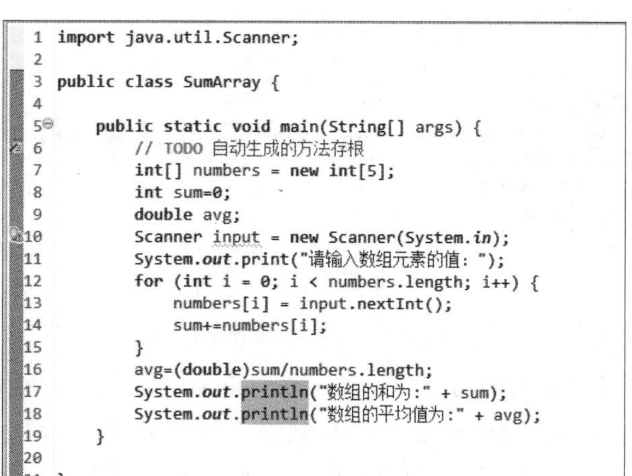

```java
import java.util.Scanner;

public class SumArray {

    public static void main(String[] args) {
        // TODO 自动生成的方法存根
        int[] numbers = new int[5];
        int sum=0;
        double avg;
        Scanner input = new Scanner(System.in);
        System.out.print("请输入数组元素的值: ");
        for (int i = 0; i < numbers.length; i++) {
            numbers[i] = input.nextInt();
            sum+=numbers[i];
        }
        avg=(double)sum/numbers.length;
        System.out.println("数组的和为:" + sum);
        System.out.println("数组的平均值为:" + avg);
    }

}
```

图 5.2 示例 5.1 相关代码

```
控制台 ☒
<已终止> SumArray [Java 应用程序] D:\orangeEclipse\jre\bin\javaw.exe (2023年
请输入数组元素的值: 1 2 3 5 7
数组的和为:18
数组的平均值为:3.6
```

图 5.3 示例 5.1 程序运行运行结果

（2）使用 for 循环输入每个数组元素的值并赋给数组对应位置的元素。

（3）定义最大值、最小值变量并初始化为数组的第一个元素。

（4）使用 for 循环遍历一维数组，如果当前遍历的数组元素大于最大值，就更新最大值变量的值为当前遍历的数组元素的值；如果当前遍历的数组元素小于最小值，就更新最小值变量的值为当前遍历的数组元素的值。

（5）输出数组的最大值、最小值。

示例 5.2 相关代码如图 5.4 所示。

```java
import java.util.Scanner;

public class MaxMinArray {

    public static void main(String[] args) {
        // TODO 自动生成的方法存根
        int[] numbers = new int[5];
        Scanner input = new Scanner(System.in);
        System.out.print("请输入数组元素的值: ");
        for (int i = 0; i < numbers.length; i++) {
            numbers[i] = input.nextInt();
        }
        int max = numbers[0];
        int min = numbers[0];
        for (int i = 0; i < numbers.length; i++) {
            if (max < numbers[i]) {
                max = numbers[i];
            }
            if (min > numbers[i]) {
                min = numbers[i];
            }
        }
        System.out.println("数组的最大值为:" + max);
        System.out.println("数组的最小值为:" + min);
    }

}
```

图 5.4 示例 5.2 相关代码

示例 5.2 程序运行结果如图 5.5 所示。

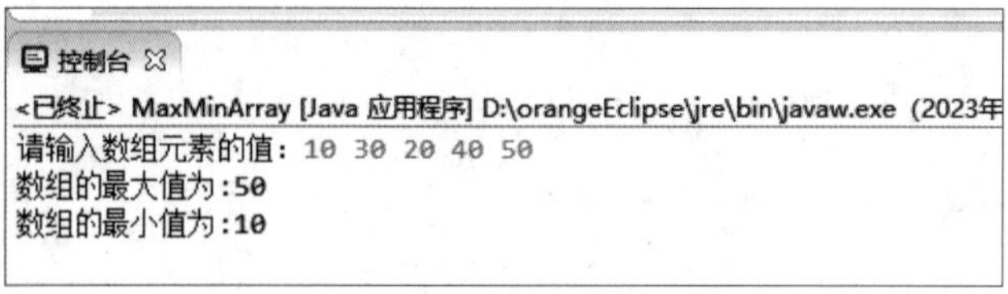

```
控制台 ⊠
<已终止> MaxMinArray [Java 应用程序] D:\orangeEclipse\jre\bin\javaw.exe (2023年
请输入数组元素的值: 10 30 20 40 50
数组的最大值为:50
数组的最小值为:10
```

图 5.5　示例 5.2 程序运行结果

程序分析：同示例 5.1 一样，先声明一个一维数组，通过 for 循环初始化数组；第 13、14 行声明存放最大值和最小值的两个变量（max、min），并将数组的第一个元素的值赋给它们；第 15 ~ 22 行通过 for 循环遍历数组，如果数组元素中存在比 max 大的元素，则将该数组元素赋给 max，同时，如果数组元素中存在比 min 小的元素，则将该数组元素赋给 min；最后输出 max 和 min 的值。

Java 语言的 util 包提供了许多工具类，其中 Arrays 类提供了操作数组的各种方法，例如，排序、查询等。Arrays 类的 sort( ) 方法的作用是对数组进行升序排列（图 5.6）。Arrays 类的 toString( ) 方法用来将数组按照默认格式输出为字符串（图 5.7）。

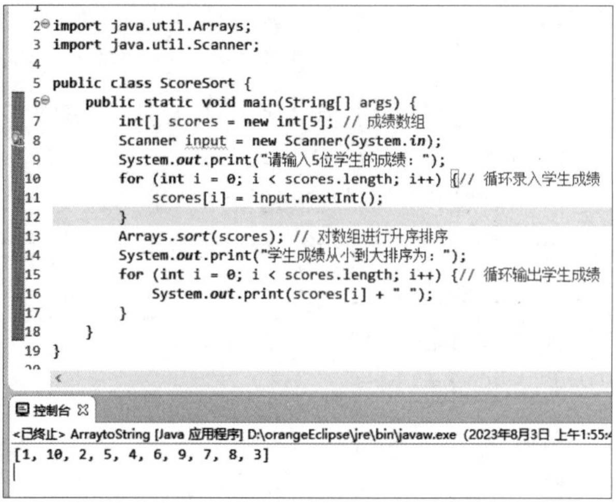

```java
import java.util.Arrays;
import java.util.Scanner;

public class ScoreSort {
    public static void main(String[] args) {
        int[] scores = new int[5]; // 成绩数组
        Scanner input = new Scanner(System.in);
        System.out.print("请输入5位学生的成绩: ");
        for (int i = 0; i < scores.length; i++) {// 循环录入学生成绩
            scores[i] = input.nextInt();
        }
        Arrays.sort(scores); // 对数组进行升序排序
        System.out.print("学生成绩从小到大排序为: ");
        for (int i = 0; i < scores.length; i++) {// 循环输出学生成绩
            System.out.print(scores[i] + " ");
        }
    }
}
```

```
控制台 ⊠
<已终止> ArraytoString [Java 应用程序] D:\orangeEclipse\jre\bin\javaw.exe (2023年8月3日 上午1:55:
[1, 10, 2, 5, 4, 6, 9, 7, 8, 3]
```

图 5.6　使用 sort( ) 方法对数组进行升序排列

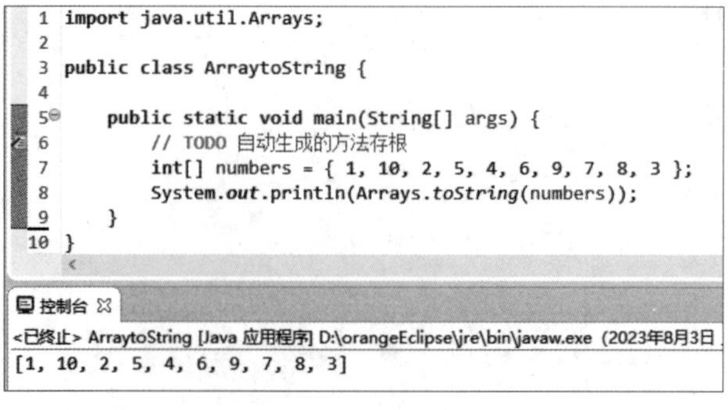

```java
import java.util.Arrays;

public class ArraytoString {

    public static void main(String[] args) {
        // TODO 自动生成的方法存根
        int[] numbers = { 1, 10, 2, 5, 4, 6, 9, 7, 8, 3 };
        System.out.println(Arrays.toString(numbers));
    }
}
```

```
控制台 ⊠
<已终止> ArraytoString [Java 应用程序] D:\orangeEclipse\jre\bin\javaw.exe (2023年8月3日
[1, 10, 2, 5, 4, 6, 9, 7, 8, 3]
```

图 5.7　使用 toString( ) 方法将数组输出为字符串

【示例 5.3】向数组中插入一个新的元素。

实现思路如下。

（1）定义一个长度为 6 的数组，数组元素默认由大到小排列。

（2）输入新的元素。

（3）使用 for 循环找到新元素的插入位置。

（4）将插入位置之后的元素往后移。

（5）遍历输出插入新元素后的数组。

具体代码如下。

```
import java.util.*;

public class Insert {

    public static void main(String[] args) {
        int[] list = new int[6]; //长度为 6 的数组
            list[0] = 99;
            list[1] = 85;
            list[2] = 82;
            list[3] = 63;
            list[4] = 60;

            int index = list.length;  //保存新增元素插入位置
            System.out.println("请输入新增元素：");
            Scanner input = new Scanner(System.in);
            int num = input.nextInt(); //输入要插入的元素
            //找到新元素的插入位置
            for(int i = 0; i < list.length; i ++){
                if(num > list[i]){
                    index = i;
                    break;
                }
            }
            //元素后移
            for(int j = list.length -1; j > index; j --){
                list[j] = list[j -1];  //index 下标开始的元素后移一个位置
            }
            list[index] = num;//插入元素
            System.out.println("插入元素的下标是:" + index);
            System.out.println("插入后的元素信息是：");
            for (int k = 0; k < list.length; k ++) { //循环输出目前数组中的元素
               System.out.print(list[k] + "\t");
            }

    }

}
```

示例 5.3 程序运行结果如图 5.8 所示。

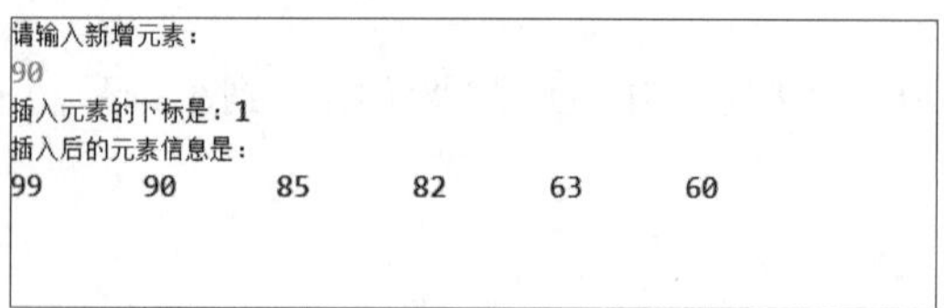

图 5.8 示例 5.3 程序运行结果

程序分析：第 6～11 行，定义了一个长度为 6 的数组，并为每个位置的元素赋值，数组元素默认由大到小排列；第 14～16 行，输入新元素的值；第 18～23 行，使用 for 循环找到新元素应该插入的位置；第 25～27 行，使用 for 循环将插入位置之后的元素都向后移动；第 28 行，将新元素赋值到应插入的位置。

【示例 5.4】 对数组 arrays 进行冒泡排序（升序）。

实现思路如下。

（1）静态初始化一个 int 一维数组。

（2）使用嵌套循环比较第一个元素与第二个元素，若为逆序（arrays[0] > arrays[1]），则交换；然后比较第二个元素与第三个元素；依次类推，直至第 $n-1$ 个元素和第 n 个元素比较为止——第一趟冒泡排序结束，结果最大的元素被安置在最后一个元素位置。

（3）对前 $n-1$ 个元素进行第二趟冒泡排序，结果使次大的元素被安置在第 $n-1$ 个元素位置。

（4）重复上述过程，共经过 $n-1$ 趟冒泡排序，程序结束。

示例 5.4 相关代码如图 5.9 所示。

```java
import java.util.Arrays;

public class SortDemo1 {

    public static void main(String[] args) {
        // TODO 自动生成的方法存根
        int[] arrays = { 1, 8, 10, 3, 9, 6, 7, 2, 5, 4 };
        int temp = 0;
        System.out.println("数组排序前为：" + Arrays.toString(arrays));
        for (int i = 0; i < arrays.length - 1; i++) {// 从小到大冒泡排序
            for (int j = 0; j < arrays.length - 1 - i; j++) {
                if (arrays[j] > arrays[j + 1]) {
                    temp = arrays[j];
                    arrays[j] = arrays[j + 1];
                    arrays[j + 1] = temp;
                }
            }
        }
        System.out.println("冒泡排序后为：" + Arrays.toString(arrays));
    }
}
```

图 5.9 示例 5.4 相关代码

示例 5.4 程序运行结果如图 5.10 所示。

```
控制台 ☒
<已终止> SortDemo1 [Java 应用程序] D:\orangeEclipse\jre\bin\javaw.exe（2023年
数组排序前为：[1, 8, 10, 3, 9, 6, 7, 2, 5, 4]
冒泡排序后为：[1, 2, 3, 4, 5, 6, 7, 8, 9, 10]
```

图 5.10 示例 5.4 程序运行结果

程序分析：第 1 行，使用 Arrays 类的第一步是导入 Arrays 包——import java. util. Arrays；第 7 行，使用静态初始化的方式定义一个一维数组；第 8 行，定义一个临时变量 temp，用于数据交换；第 10～18 行，进行冒泡排序。

5. 1. 3　任务实施

本任务需要检测当前降雨量是否需要报汛及一天中的报汛次数。

实现思路如下。

（1）使用 double 一维数组存储 12 小时内的降雨量，使用 int 变量存储报汛次数。

（2）遍历数组中的所有元素。

（3）判断每个元素是否达到报汛条件，如果达到报汛条件则输出报汛信息并计入报汛次数，如果没有达到报汛条件则不执行其他操作，进行下一个元素的判断。

（4）输出数组长度、报汛次数。

使用数组进行雨情报汛代码如图 5. 11 所示。

```java
import java.util.Scanner;

public class BaoXun {

    public static void main(String[] args) {
        /*
         * 雨情报汛：使用数组进行报汛
         * （数组、循环、算术运算符）
         */
        double[] rainfalls={1.0,2.5,2.2,16.5,5.7,6.8,16.4,6.9,7.2,7.0,8.8,7.4};

        int count=0;
        for(int i=0;i<rainfalls.length;i++){

            if(rainfalls[i]<16){     //如果降雨量小于16mm，立马检测下一个小时的降雨情况
                continue;    //结束本次循环，继续下一次循环
            }
            System.out.println("当前需要立即向上级相关部门报汛！");
            count++;     //次数+1
        }

        System.out.println("\n最近"+rainfalls.length+"个小时一共报汛了"+count+"次");
    }

}
```

图 5. 11　使用数组进行雨情报汛代码

雨情报汛程序运行结果如图 5. 12 所示。

```
控制台 ☒
<已终止> BaoXun (1) [Java 应用程序] D:\orangeEclipse\jre\bin\javaw.exe (2023年
当前需要立即向上级相关部门报汛！
当前需要立即向上级相关部门报汛！

最近12个小时一共报汛了2次
```

图 5. 12　雨情报汛程序运行结果

5. 1. 4　任务总结

需要存储和操作一组相同类型的数据时，可以通过使用数组方便地添加、删除和操作集合中的元素，也可以通过索引快速访问数组中指定位置的元素。

任务 5.2 降水量统计——二维数组

5.2.1 任务分析

某个站点需要按季度和年度统计降水情况，共统计 12 个月的数据。

5.2.2 知识准备

在一维数组中，使用一个下标就能准确地访问数组元素，但在实际应用中，需要使用两个或者多个下标才能准确地访问数组元素，这种数组称为多维数组，也就是数组的数组。例如，访问数列中的元素，需要行号和列号，可以把数列声明为一个二维数组，其每个元素都是一个一维数组。

1. 二维数组的声明

语法格式如下。

二维数组

```
数据类型[][] 数组名;//两个[]代表二维数组
例如:int[][] intArr;
```

或者

```
数据类型 数组名[][];
例如:float floatArr[][];
```

或者

```
数据类型[] 数组名[];
例如:double[] doubleArr[];
```

定义一个 3 行 4 列的数组的格式如下。

```
int[][] arrays = new int[3][4];
```

2. 二维数组的初始化

二维数组的初始化，也称为二维数组的定义，有以下 3 种常见的方式。

1）方式一：静态初始化

语法格式如下。

```
数据类型[][] 数组名 = {{第 0 行初始值},{第 1 行初始值},…,{第 n 行初始值}}
```

例如：

```
int scores[][] = {{ 90, 85, 92, 78, 54 }, { 76, 63,80 }, { 87 } };
```

静态初始化是指在声明数组的同时为元素赋初值。由于二维数组可以看作由一维数组组成，所以上例中的二维数组 scores 可以看作由 3 个一维数组组成，但这 3 个一维数组的长度不同，第一个一维数组有 5 个元素，第二个一维数组有 3 个元素，第三个一维数组有 1 个元素，共有 9 个元素。其内存分配情况如图 5. 13 所示。

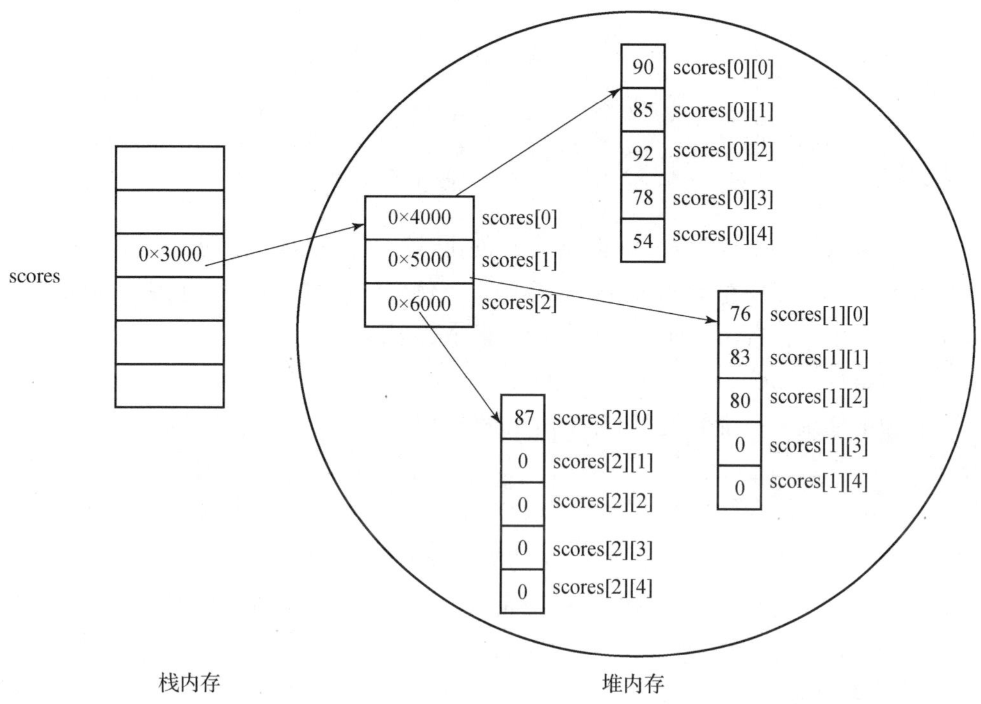

图 5. 13　二维数组 scores 的内存分配情况

2）方式二：动态初始化（规则二维数组）

语法格式如下。

```
数据类型 数组名[][]=new 数据类型[行的个数][列的个数];
```

例如：

```
int s[][]=new int[3][5];
```

上例中的二维数组 s 的内存分配情况如图 5. 14 所示。

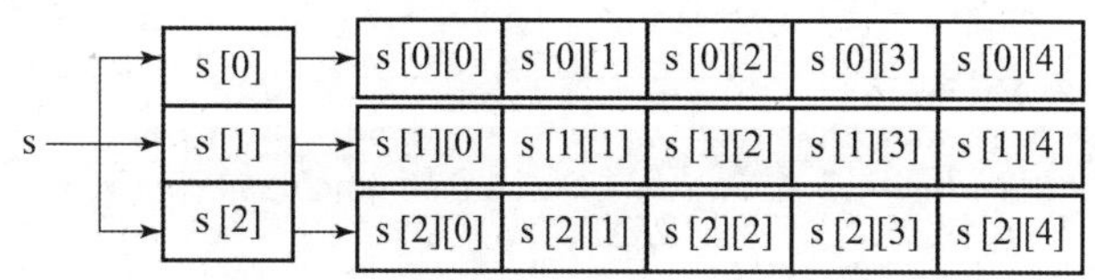

图 5. 14　二维数组 s 的内存分配情况

规则二维数组创建的每行元素个数相同，可直接为每行元素分配空间。数组 s 就是一个 3 行 5 列的二维数组，共 15 个元素。

3）方式三：动态初始化（不规则二维数组）

语法格式如下。

```
数据类型 数组名[][]=new 数据类型[行的个数][];
```

例如：

```
int a[][]=new int[3][];//声明一个具有3行的二维数组,没有分配内存空间
a[0]=new int[2];//为第0行分配2个元素的内存空间
a[1]=new int[4];//为第1行分配4个元素的内存空间
a[2]=new int[3];//为第2行分配3个元素的内存空间
```

不规则二维数组的每行元素个数不确定，创建时没有分配内存空间，需要单独给每行创建数组对象从而分配相应个数元素的内存空间。上例中的数组 a 的第 1 行有 2 个元素，第 2 行有 4 个元素，第 3 行有 3 个元素，每行的元素个数不同。

3. 二维数组的使用

二维数组的使用和一维数组相似，其语法格式如下。

```
数组名[index1][index2];
```

例如：arr［0］［2］代表的是数组 arr 的第 1 行第 3 列的数据。

index1 和 index2 是标识二维数组中每个元素的下标，可以是整型数或表达式，同样，二维数组中每个下标都是从 0 开始的。

4. 二维数组的遍历

二维数组的遍历就是访问一个二维数组中的每个元素，其语法格式如下。

```
数组名.length //二维数组的行数
数组名[行下标].length //该行数据所包含的列数
```

【示例 5.5】声明并初始化一个 3 行 4 列的二维数组，并输出所有数组元素。

实现思路如下。

（1）声明一个 3 行 4 列的二维数组并初始化。

（2）遍历二维数组，获取每个一维数组。

（3）继续遍历一维数组，获取具体的元素并输出。

示例 5.5 相关代码如图 5.15 所示。

```
public class ArrayDemo {

    public static void main(String[] args) {
        // TODO 自动生成的方法存根
        int[][] arrays = { { 1, 2, 3, 4 }, { 5, 6, 7, 8 }, { 9, 10, 11, 12 } };//3行4列的二维数组
        for (int i = 0; i < arrays.length; i++) {//行数
            for (int j = 0; j < arrays[i].length; j++) {//列数
                System.out.print(arrays[i][j] + "\t");
            }
            System.out.println();// 每行输完后换行
        }
    }
}
```

图 5.15　示例 5.5 相关代码

示例 5.5 程序运行结果如图 5.16 所示。

```
<已终止> ArrayDemo [Java 应用程序] D:\orangeEclipse\jre\bin\javaw.exe (2023年
1       2       3       4
5       6       7       8
9       10      11      12
```

图 5.16　示例 5.5 程序运行结果

程序分析：第 6 行，声明 3 行 4 列的二维数组并通过双重循环遍历；第 7 ~ 12 行，外层循环遍历行数，内层循环遍历列数，在内层循环中输出该数组元素，每次内层循环结束后需要换行，二维数组不会自动换行，需要使用换行符控制。

【**示例 5.6**】获取 5 × 5 矩阵中某一行或某一列的值并输出。

实现思路如下。

（1）声明一个 5 行 5 列的二维数组并初始化。

（2）输入行数，遍历第 i 行的一维数组并输出。

（3）输入列数，遍历二维数组，获取每行第 i 列的值并输出。

具体代码如下。

```
import java.util.Scanner;

public class ArrayGet {

    public static void main(String[] args) {
        //TODO 自动生成的方法存根
        double[][] class_score = { { 100, 99, 99, 50, 34 }, { 100, 98, 97, 88, 23 }, { 100, 100, 99.5, 77, 94 },
                { 99.5, 99, 98.5, 60.9, 49.2 }, { 50.1, 60, 7, 88, 39, 92.5 } };
        Scanner scan = new Scanner(System.in);
        while (true) {
            System.out.println("当前数组 5 行 5 列,您想查看第几行或第几列的元素? \n1. 行数 2. 列数 \n 请选择选项 1 或 2:");
            int option = scan.nextInt();
            int number;
            if (option == 1) {
                System.out.println("请输入行数 1 ~ 5:");
                number = scan.nextInt();
                for (int j = 0; j < class_score[number - 1].length; j ++) {
                    System.out.println("第" + number + "行的第[" + j + "]个元素的值是:" + class_score[number - 1][j]);
                }
            } else if (option == 2) {
                System.out.println("请输入列数 1 ~ 5:");
                number = scan.nextInt();
                for (int i = 0; i < class_score.length; i ++) {
                        System.out.println("第 " + (i + 1) + " 行的第[" + number + "]个元素的值是" + class_score[i][number - 1]);
                }
```

```
            }
        }
    }
}
```

示例 5.6 程序运行结果如图 5.17 所示。

```
当前数组5行5列，您想查看第几行或第几列的元素？
1.行数2.列数
请选择选项1或2：
1
请输入行数1~5：
2
第2行的第[0]个元素的值是：100.0
第2行的第[1]个元素的值是：98.0
第2行的第[2]个元素的值是：97.0
第2行的第[3]个元素的值是：88.0
第2行的第[4]个元素的值是：23.0
当前数组5行5列，您想查看第几行或第几列的元素？
1.行数2.列数
请选择选项1或2：
2
请输入列数1~5：
5
第 1 行的第[5]个元素的值是34.0
第 2 行的第[5]个元素的值是23.0
第 3 行的第[5]个元素的值是94.0
第 4 行的第[5]个元素的值是49.2
第 5 行的第[5]个元素的值是39.0
当前数组5行5列，您想查看第几行或第几列的元素？
1.行数2.列数
请选择选项1或2：
```

图 5.17　示例 5.6 程序运行结果

程序分析：获取某行元素时，for 循环中需要遍历的数据是 class_score[number - 1]，它是一个一维数组，通过遍历这个一维数组可以得到该行每个元素的值 class_score[number - 1][i]；获取某行元素时，for 循环中需要遍历的数据是 class_score，它是一个二维数组，通过遍历这个二维数组得到该列每个元素的值 class_score[i][number - 1]。

【示例 5.7】 输出杨辉三角（图 5.18）。

```
            1                   n=1
          1   1                 n=2
        1   2   1               n=3
      1   3   3   1             n=4
    1   4   6   4   1           n=5
  1   5  10  10   5   1         n=6
1   6  15  20  15   6   1       n=7
```

图 5.18　杨辉三角

实现思路如下。

（1）分析杨辉三角的规律。

①第 1 行有 1 个元素，第 2 行有 2 个元素，……，第 n 行有 n 个元素。

②每行第一个和最后一个元素为 1。

③每行的其他元素是其上一行左、右两个元素之和。

（2）创建二维数组，遍历并为每个元素赋值。

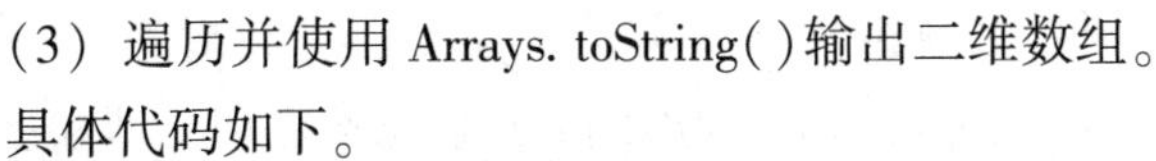

(3) 遍历并使用 Arrays. toString( )输出二维数组。

具体代码如下。

```
import java.util.Arrays;
import java.util.Scanner;

public class YangHuiSanJiao {
    public static void main(String[] args) {
        System.out.println("请输入行数:");
        //获取用户输入行数
        Scanner input = new Scanner(System.in);
        int line = input.nextInt();
        //定义二维数组
        int[][] arr = new int[line][];
        //为每个一维数组开辟空间
        for (int x = 0; x < line; x ++) {
            arr[x] = new int[x + 1];
        }
        for (int i = 0; i < arr.length; i ++) {
            //每行第一个元素为1
            arr[i][0] = 1;
            for (int j = 1; j < i; j ++) {
                arr[i][j] = arr[i - 1][j] + arr[i - 1][j - 1];
            }
            //每行最后一个元素为1
            arr[i][i] = 1;
        }
        //输出杨辉三角
        for (int i = 0; i < arr.length; i ++) {
            System.out.println(Arrays.toString(arr[i]));
        }
    }
}
```

示例 5.7 程序运行结果如图 5.19 所示

```
问题 @ Javadoc 声明 控制台
<已终止> YangHuiSanJiao [Java 应用程序] D:\Program F
请输入行数:
7
[1]
[1, 1]
[1, 2, 1]
[1, 3, 3, 1]
[1, 4, 6, 4, 1]
[1, 5, 10, 10, 5, 1]
[1, 6, 15, 20, 15, 6, 1]
```

图 5.19 示例 5.7 程序运行结果

程序分析：使用动态初始化（不规则二维数组）方式创建二维数组，在对每个一维数组赋值的过程中，第 i 行的第 j 个元素是第 i - 1 行第 j 个与第 j - 1 个元素之和，即 array[i][j] = array[i - 1][j] + array[i - 1][j - 1]。

【示例 5.8】 进入 5 家专卖店进行购买衣服并进行结算。

实现思路如下。

（1）创建变量：购买件数、顾客是否选择离开。

（2）创建 for 循环，循环次数为 5 次，代表进入 5 家专卖店购买衣服。

（3）创建 for 循环，循环次数为 3 次，代表在一家专卖店最多购买 3 件衣服。

（4）进行结算，输出购买件数。

具体代码如下。

```
import java.util.Scanner;
/**
 * break 断点演示:实现购物结账
 */
public class BreakDemo {
    public static void main(String[] args) {
        int count = 0;  //记录一共购买了几件衣服
        String choice;  //顾客是否选择离开
        Scanner input = new Scanner(System.in);

        for(int i = 0; i < 5; i ++){
            System.out.println("欢迎光临第" + (i +1) + "家专卖店");
            for(int j = 0; j < 3; j ++){
                System.out.print("要离开吗(y/n)?");
                choice = input.nextLine();
                if("y".equals(choice)){  //如果离开,则跳出,进入下一家专卖店
                    break;
                }
                System.out.println("买了一件衣服");
                count ++;
            }
            System.out.println("离店结账\n");
        }
        System.out.println("总共买了" + count + "件衣服");
        choice = input.nextLine();
    }
}
```

示例 5.8 程序运行结果如图 5.20 所示。

5.2.3 任务实施

实现思路如下。

（1）创建 4 × 3 的二维数组，按季度存储降水量数据。

（2）使用双重循环遍历二维数组，计算季度降水量和年度降水量。

```
欢迎光临第1家专卖店
要离开吗（y/n）？n
买了一件衣服
要离开吗（y/n）？n
买了一件衣服
要离开吗（y/n）？n
买了一件衣服
离店结账

欢迎光临第2家专卖店
要离开吗（y/n）？y
离店结账

欢迎光临第3家专卖店
要离开吗（y/n）？y
离店结账

欢迎光临第4家专卖店
要离开吗（y/n）？y
离店结账

欢迎光临第5家专卖店
要离开吗（y/n）？y
离店结账

总共买了3件衣服
```

图 5.20　示例 5.8 程序运行结果

(3) 第一重遍历后可得到季度降水量，所有元素遍历完后可得到年度降水量。

具体代码如下。

```
import java.util.Arrays;

public class RainTotal {
    public static void main(String[] args) {
        /*
         * 该站点季度降水量和年度降水量;该站点按照季度和月份统计的数据如下。单位:毫米;第一季度:22,66.3,44,
         * 第二季度:77.1,33,88.5,第三季度:25,45.9,65,第四季度:11.4,66,99
         */
        double[][] arr = { { 22, 66.3, 44 }, { 77.1, 33, 88.5 }, { 25, 45.9, 65 }, { 11.4, 66, 99 } };

        //定义一个求和变量 sum,初始化值是 0
        int yearSum = 0;

        //通过遍历就可以得到每个二维数组的元素
        for (int x = 0; x < arr.length; x ++) {
            double quarterSum = 0.0;
            for (int y = 0; y < arr[x].length; y ++) {
                //把元素累加即可。
                yearSum += arr[x][y];
                quarterSum += arr[x][y];
            }
                System.out.println( "第" + (x + 1) + "季度降水情况:" + Arrays.toString(arr[x]));
```

```
                System.out.println("第" + (x + 1) + "季度的总降水量是:" + quarterSum + "mm");
            }

        //最后输出 yearSum,就是结果。
        System.out.println("一年的降水量为:" + yearSum + "mm");
    }
}
```

统计降水量程序运行结果如图 5.21 所示。

```
问题 @ Javadoc 声明 控制台
<已终止> RainTotal [Java 应用程序] D:\Program Files (x86)\jav
第1季度降水情况：[22.0, 66.3, 44.0]
第1季度的总降水量是：132.3mm
第2季度降水情况：[77.1, 33.0, 88.5]
第2季度的总降水量是：198.6mm
第3季度降水情况：[25.0, 45.9, 65.0]
第3季度的总降水量是：135.9mm
第4季度降水情况：[11.4, 66.0, 99.0]
第4季度的总降水量是：176.4mm
一年的降水量为：641mm
```

图 5.21　统计降水量程序运行结果

5.2.4　任务总结

二维数组体现了行和列的关系，二维数组也是一个特殊的一维数组，每个元素不是基本数据类型，而是一维数组。通过本任务，读者掌握了二维数组的声明、初始化、元素访问、遍历等知识。

任务 5.3　拓展水情查询系统用户注册——随机数

5.3.1　任务分析

在水情查询系统中拓展用户注册功能：判断输入的用户编号是否已存在。

5.3.2　知识准备

1. Java 语言中 3 种获取随机数的方法

1）方法一

随机数

直接使用静态方法 Math.random()，Math.random() 方法返回一个 0 ~ 1 的随机数，包含 0，但不包含 1。例如：

```
(int)(Math.random() * 500); //表示随机生成 500 之内的整数
```

2）方法二

使用 java. util. Random 类，这是一个专业的 Random 工具类，功能强大。Random 类的实例用于生成伪随机数流，此类适合 48 位的种子。若不带种子，则每次运行生成的都是随机数，没有任何规律；若带种子，则每次运行结果都一样。这就是带种子随机数的特性。

（1）创建不带种子的 Random 对象。例如：

```
Random random = new Random();
```

（2）创建带种子的 Random 对象，例如：

```
Random random = new Random();
random.nextInt(500);          //表示随机生成 500 之内的整数
```

或者：

```
Random random = new Random(500);
```

3）方法三

通过 System. currentTimeMillis() 获取一个当前时间毫秒数的长整型数字。

2. Random 类常用方法

Random 类常用方法见表 5. 2。

表 5. 2　Random 类常用方法

方法名	摘要
Random()	创建一个新的随机数生成器
int nextInt()	返回下一个伪随机数，它是此随机数序列中均匀分布的 int 值
Random(long seed)	使用单个 long 种子创建一个新的随机数生成器
double nextDouble()	返回下一个伪随机数，它是从此随机数序列中取出的、在 0 ~ 1.0 之间均匀分布的 double 值
long nextLong()	返回下一个伪随机数，它是从此随机数序列中取出的、均匀分布的 long 值
float nextFloat()	返回下一个伪随机数，它是从此随机数序列中取出的，在 0 ~ 1.0 之间均匀分布的 float 值
protected int next（int seed)	生成下一个伪随机数
boolean nextBoolean()	返回下一个伪随机数，它是从此随机数序列中取出的、均匀分布的 boolean 值
void setSeed（long seed)	使用单个 long 种子设置此随机数生成器的种子

注意：Random 类中各方法生成的随机数都是均匀分布的，也就是说区间内部的随机数生成的概率是均等的。

3. 字符串的连接

```
String s1 = "hello";
String s2 = "water";
```

1）使用“+”运算符

例如：

```
String s3 = s1 + (s2);
```

2）使用String类的concat（）方法

例如：

```
String s3 = s1.concat(s2);
```

某学生的SQL成绩为80分，Java成绩为90分，HTML成绩为86.7分，要求输出结果如图5.22所示。

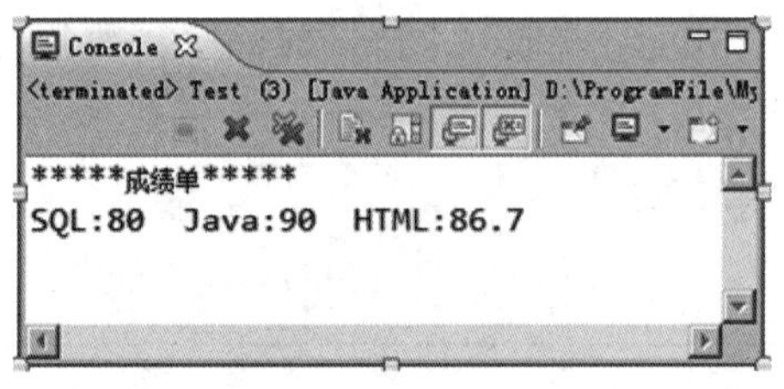

图5.22　某学生成绩单

（1）方法一：使用“+”运算符，如图5.23所示。

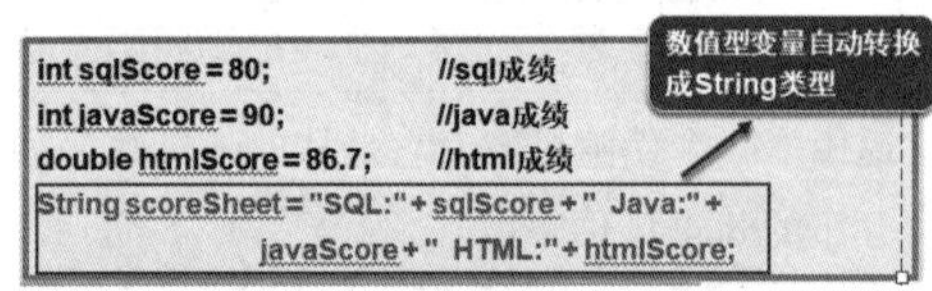

图5.23　方法一

（2）方法二：使用String类的concat()方法，如图5.24所示。

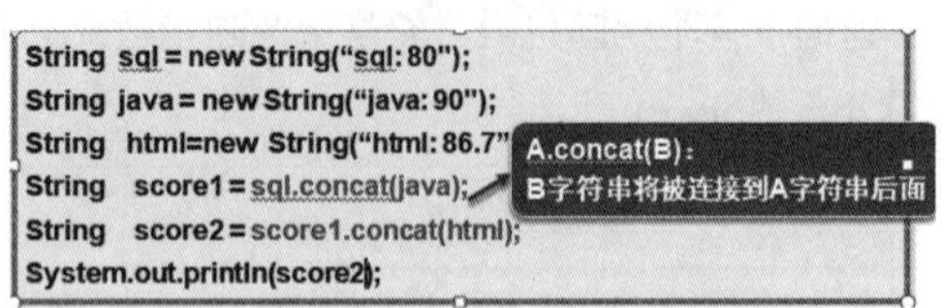

图5.24　方法二

4. 字符串的检索

（1）public int indexOf(String s)：字符串调用该方法从当前字符串的头部开始检索字符串s，并返回首次出现s的位置。如果没有检索到字符串s，该方法返回值为-1。

（2）public int lastindexOf（String s）：字符串调用该方法从当前字符串的头部开始检索

字符串 s，并返回最后出现 s 的位置。如果没有检索到字符串 s，该方法返回值为 -1。

例如：

```
String s = new String("I am a good cat");
s.indexOf("a");          //值是 2,"a"在字符串 s 中首次出现的位置
s.lastindexOf("a");      //值是 13,"a"在字符串 s 中最后出现的位置
```

5. 字符串的截取

(1) public String substring(int index)：字符串调用该方法获得一个当前字符串的子串。该子串是从当前字符串的 index 处截取到最后所得到的字符串。

字符串的检索和截取

(2) public String substring(int beginindex,int endindex)：字符串调用该方法获得一个当前字符串的子串。该子串是从当前字符串的 begin 处截取到 end 处所得到的字符串，但不包括 end 处对应的字符。

例如：

```
String china = "I love China";
String s = china.substring(2,5);   //s 是"lov"
String s1 = china.substring(2);    //s1 是"love China"
```

字符串的截取方法如图 5.25 所示。

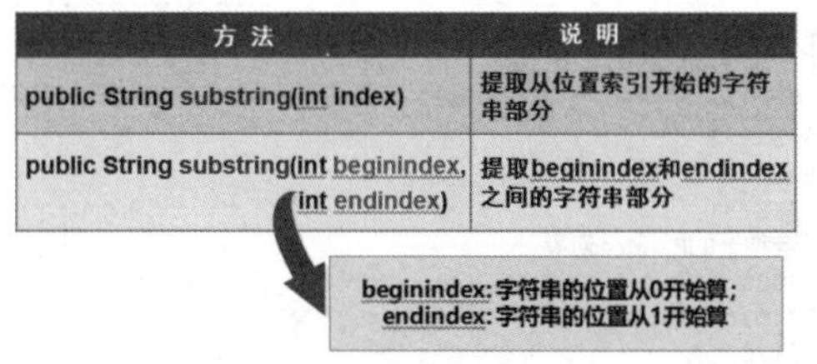

方法	说明
public String substring(int index)	提取从位置索引开始的字符串部分
public String substring(int beginindex, int endindex)	提取beginindex和endindex之间的字符串部分

图 5.25　字符串的截取方法

【示例 5.9】 Random 类方法的测试用例。

实现思路如下。

(1) 使用 Randomd 对象创建两个不带种子的随机数并比较输出结果。

(2) 使用 Random 对象创建两个带种子的随机数并比较输出结果。

(3) 使用 Random 类的 nextInt()方法创建一个随机的整数并输出结果。

(4) 使用 Math. random()方法创建一个带正号的 double 变量并输出结果。

(5) 获取以毫秒为单位的当前时间并输出结果。

示例 5.9 相关代码如图 5.26 所示。

示例 5.9 程序运行结果如图 5.27 所示。

程序分析：

第 1 行：使用随机数的第一步是导入 Random 包：import java. util. Random；第 8 ~ 11 行、第 13 ~ 16 行，创建两个不带种子的随机数，可以试着多运行几次程序，发现它们每次的运行结果都是随机的，不要研究不重复的随机数，因为意义不大；第 18 ~ 21 行、第 23 ~ 27 行，

```
1 import java.util.Random;
2
3 public class RanddomDemo {
4
5     public static void main(String[] args) {
6         // TODO 自动生成的方法存根
7     System.out.println("创建不带种子的Random对象");
8     Random random1=new Random();
9     for(int i=0;i<4;i++){
10        System.out.println(random1.nextInt());
11    }
12    System.out.println("创建不带种子的Random对象");
13    Random random2=new Random();
14    for(int i=0;i<4;i++){
15        System.out.println(random2.nextInt());
16    }
17    System.out.println("创建带种子的Random对象");
18    Random random3=new Random(500L);
19    for(int i=0;i<4;i++){
20        System.out.println(random3.nextInt());
21    }
22    System.out.println("创建带种子的Random对象");
23    Random random4=new Random();
24    random4.setSeed(500L);
25    for(int i=0;i<4;i++){
26        System.out.println(random4.nextInt());
27    }
28    System.out.println("通过Random类来获取下一个随机的整数");
29    int number1=new Random().nextInt();
30    System.out.println(number1);
31    System.out.println("返回带正号的double值:[0.0,1.0)");
32    double number2=Math.random();
33    System.out.println(number2);
34    System.out.println("返回以毫秒为单位的当前时间");
35    long number3=System.currentTimeMillis();
36    System.out.println(number3);
37    }
38 }
```

图 5.26　示例 5.9 相关代码

```
控制台 ☒
<已终止> RanddomDemo [Java 应用程序] D:\orangeEclipse\jre\bin\javaw.exe (2023年
创建不带种子的Random对象
46783928
-1236051922
-263520359
1887178803
创建不带种子的Random对象
831192881
1584274616
1651771768
-1805925071
创建带种子的Random对象
-1040059906
523022788
1620136985
1193875645
创建带种子的Random对象
-1040059906
523022788
1620136985
1193875645
通过Random类来获取下一个随机的整数
1384085976
返回带正号的double值:[0.0,1.0)
0.4276963609562935
返回以毫秒为单位的当前时间
1691340624301
```

图 5.27　示例 5.9 程序运行结果

创建两个带种子的随机数，每次运行生成的结果都一样，因此带种子的随机数的作用不是太大；第 28～36 行，实现了获取随机数的几种方法。

【示例 5.10】 抽取幸运手机号。

在某些电视节目中会有观众互动抽奖环节，屏幕中会滚动手机号，最终随机产生一个幸运手机号。本示例要求编写程序，在一个手机号数组中抽取一个幸运手机号。

实现思路如下。

（1）使用 String 类型的一维数组接收手机号。

（2）使用 Scanner 类输入 5 个手机号。

（3）使用 Random 对象生成一个 0～4 的随机数。

（4）读取一维数组中对应位置的手机号并输出。

（5）产生一个随机数，比较两次选出的手机号是否相同。

具体代码如下。

```
import java.util.Random;
import java.util.Scanner;

public class GoodLuck {

    public static void main(String[] args) {
        //1. 用 String 类型的一维数组接收手机号
        String phones[] = new String[5];
        //2. 使用 Scanner 类输入 5 个手机号
        Scanner scan = new Scanner(System.in);
        System.out.println("请输入 5 个手机号");
        for(int i =0;i <5;i ++){
            System.out.print("请输入第" +(i +1) +"个手机号:");
            phones[i] =scan.next();
        }
        //3. 使用 Random 对象生成一个 0 ~4 的随机数
        Random random = new Random();
        int random1 = random.nextInt(5);
        //4. 读取一维数组中对应位置的手机号并输出
        System.out.println("幸运手机号是:" +phones[random1]);
        //5. 产生一个随机数,比较两次选出的手机号是否相同
        int random2 = random.nextInt(5);
        System.out.println("幸运手机号是:" +phones[random2]);
    }

}
```

示例 5.10 程序运行结果如图 5.28 所示。

```
请输入5个手机号
请输入第1个手机号：17811110000
请输入第2个手机号：12399997777
请输入第3个手机号：13721238907
请输入第4个手机号：19967541122
请输入第5个手机号：15933468933
幸运手机号是：13721238907
幸运手机号是：12399997777
```

图 5.28　示例 5.10 程序运行结果

【示例 5.11】 为一个网站创建 20 个用户，生成 id 和随机初始金额。

实现思路如下。

（1）定义一个 20 行 2 列的二维数组，用于存放用户信息。

（2）使用 for 循环 20 次，使用“当前时间戳 + 循环序号”生成 id，存放在每个一维数组的第一个元素上作为用户 id；使用 Random 对象生成一个 6 位的数字，存放在每个一维数组的第二个元素上作为随机初始金额。

具体代码如下。

```
1.  import java.util.Arrays;
2.  import java.util.Random;
3.
4.  public class Account {
5.
6.     public static void main(String[] args) {
7.          String accounts[][] = new String[20][2];
8.          Random random = new Random();
9.          for(int i =0;i <20;i ++){
10.              accounts[i][0] =System.currentTimeMillis() +((i +1) +"");//id
11.              accounts[i][1] = String.format("% 06d", random.nextInt(999999));
12.  System.out.printf("id:% s,\t 初始金额:% s \n",accounts[i][0],accounts[i][1]);
13.          }
14.
15.     }
16.
17.}
```

示例 5.11 程序运行结果如图 5.29 所示。

```
id:17115311136461,      初始金额: 157916
id:17115311136722,      初始金额: 195014
id:17115311136723,      初始金额: 208036
id:17115311136724,      初始金额: 660001
id:17115311136735,      初始金额: 199133
id:17115311136736,      初始金额: 769797
id:17115311136737,      初始金额: 511361
id:17115311136738,      初始金额: 576096
id:17115311136739,      初始金额: 009079
id:171153111367310,     初始金额: 702813
id:171153111367311,     初始金额: 433436
id:171153111367312,     初始金额: 122146
id:171153111367413,     初始金额: 710799
id:171153111367414,     初始金额: 250648
id:171153111367415,     初始金额: 707149
id:171153111367416,     初始金额: 348528
id:171153111367417,     初始金额: 254343
id:171153111367418,     初始金额: 082132
id:171153111367419,     初始金额: 426558
id:171153111367420,     初始金额: 306544
```

图 5.29　示例 5.11 程序运行结果

程序分析：第 1 行，使用随机数的第一步是导入 Random 包 import java. util. Random；第 7 行，创建一个不带种子的随机数；第 10 行，使用 System. currentTimeMillis( ) 方法创建随机

数；第 11 行，使用 String. format( ) 方法将 random. nextInt(999999) 随机生成的 6 位数字格式化并赋值。

5.3.3 任务实施

实现思路如下。

（1）使用数组存储 10 个用户编号。

（2）数组中的用户编号是随机生成的 5 位数。

（3）判断用户输入的编号是否已经存在于数组中。

（4）如果存在，则需要重新输入用户编号；如果不存在，则正常注册新用户。

用户注册拓展功能代码如图 5.30 所示。

```java
import java.util.Scanner;
public class RegisterUserExpand {
    public static void main(String[] args) {
        /*
         * 用户注册拓展功能：判断录入的用户编号是否系统中已存在
         * （数组的使用、随机数、for循环）
         */
        //1.定义数组
        int[] ids=new int[10];
        //2.给数组赋值元素：随机生成10个用户编号
        for(int i=0;i<ids.length;i++){
            ids[i]=(int)(Math.random()*(99999-10000)+10000);     //随机生成任意5位整数
        }
        //3.输出数组元素
        for(int i=0;i<ids.length;i++){
            System.out.println(ids[i]);
        }
        System.out.println("------------------");
        //4.键盘录入用户编号
        Scanner input = new Scanner(System.in);
        System.out.print("请输入5位数的用户编号(10000-99999):");
        int id = input.nextInt();
        //5.判断编号是否已存在
        for(int i=0;i<ids.length;i++){
            if(id!=ids[i]){      //如果不相等，继续和下一个元素比较
                continue;
            }else{  //否则重新录一个
                System.out.println("\n***用户编号已存在，请重新再来一次！");
                System.out.print("请输入用户编号:");
                id = input.nextInt();
                i=-1;
            }
        }
        System.out.print("请输入用户名称:");
        String name = input.next(); // 键盘输入字符串
        System.out.print("请输入用户密码:");
        String password = input.next();
        System.out.print("请输入用户积分:");
        double point = input.nextDouble(); // 键盘输入double型数据
        System.out.println("恭喜你，注册成功...");
        System.out.println("\n*****用户信息显示*****");
        System.out.println("用户编号:" + id);
        System.out.println("用户名称:" + name);
        System.out.println("用户密码:" + password);
        System.out.println("用户积分:" + point);
    }
}
```

图 5.30　用户注册拓展功能代码

用户注册拓展功能程序运行结果如图 5.31 所示。

5.3.4 任务总结

随机数在实际中使用很广泛，例如，随机生成一个固定长度的字符串、数字，随机生成一个不定长度的数字，进行模拟的随机选择等都可以通过随机数实现。

通过学习和应用数组，可以培养读者的持续学习能力、创造性思维能力和问题解决能力。同时，也可以使读者掌握数组的基本概念、创建和初始化方式，以及数组的访问和操作

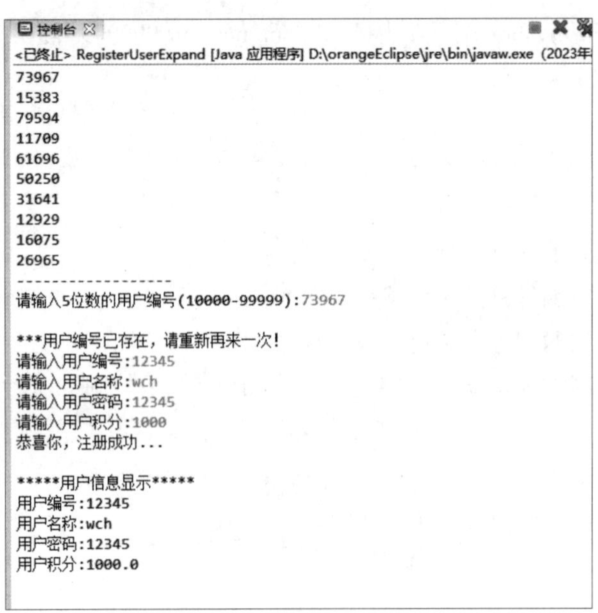

图 5.31　用户注册拓展功能程序运行结果

方法。最终目标是培养读者将数组应用于实际问题的能力，并使读者具备设计算法、调试和排错的实践能力。

【项目评价】

项目分值比		考核方式	评价标准（掌握程度）				
			优	良	中	及格	不及格
线上考核（30%）	10%	章节测验	≥90 分	80（含）~90（不含）分	70（含）~80（不含）分	60（含）~70（不含）分	<60 分
	10%	音视频	≥90 分	80（含）~90（不含）分	70（含）~80（不含）分	60（含）~70（不含）分	<60 分
	10%	讨论次数	≥90 分	80（含）~90（不含）分	70（含）~80（不含）分	70（含）~80（不含）分	<60 分
线下考核（40%）	5%	课堂提问	≥90 分	80（含）~90（不含）分	70（含）~80（不含）分	70（含）~80（不含）分	<60 分
	5%	随堂测验	≥90 分	80（含）~90（不含）分	70（含）~80（不含）分	70（含）~80（不含）分	<60 分
	30%	3 个任务	≥90 分	80（含）~90（不含）分	70（含）~80（不含）分	70（含）~80（不含）分	<60 分
实战练习（30%）	30%	实战练习	≥90 分	80（含）~90（不含）分	70（含）~80（不含）分	60（含）~70（不含）分	<60 分
合计		100%					

【实战练习】

一、单选题

1. 以下代码的输出结果为（　　）。

```
int[] arr = new int[]{1,2,3};
System.out.print(arr[1]);
```

A. 编译错误，没有指定数组大小

B. 编译错误，声明数组变量的语法有问题

C. 1

D. 2

2. 以下代码的运行结果是（　　）。

```
int[] arr = new int[4]{0,1,2,3};
for(int i =arr[0];i <=arr[3];i ++){
        System.out.print(arr[i]);
}
```

A. 0123

B. 数组索引越界

C. 1234

D. 编译出错

3. 若有声明语句“int a[ ][3] = {1,2,3,4,5,6,7,8,9};”，则数组 a 第一维的大小是（　　）。

A. 2　　B. 3　　C. 4　　D. 无法确定

4. 在 Java 语言中，以下关于数组的使用正确的是（　　）。

A. `int x[] ={10,34,56,78};`
`System.out.println(x[3]);`

B. `int x[] ={10,34,56,78};`
`System.out.println(x[4]);`

C. `int x[] ={10,34,56,78};`
`System.out.println(x{3});`

D. `int x[] ={10,34,56,78};`
`System.out.println(x(3));`

5. 定义一个数组 String[ ] role = {"薛宝钗","林黛玉","贾宝玉","史湘云","贾迎春","贾惜春","贾探春"}，role[6]指的是（　　）。

A. 贾迎春　　B. 贾惜春　　C. 贾探春　　D. 数组越界

6. 设有定义语句“int a[ ] = {1,1,2}”;，则以下对此语句的叙述错误的是（　　）。

A. 此语句定义了一个名为 a 的一维数组

B. 数组 a 有 3 个元素

C. 数组 a 的下标为 1～3

D. 数组 a 中的每个元素都是整型的

7. 以下数组初始化形式正确的是（　　）。

A. int t1[][] = {{1,2},{3,4},{5,6}};

B. int t2[][] = {1,2,3,4,5,6};

C. int t3[3][2] = {1,2,3,4,5,6};

D. int t4[][];

t4 = {1,2,3,4,5,6};

二、编程题

1. 设有 3 个学生的英语和数学成绩如表 5.3 所示。

表 5.3　3 个学生的成绩

姓名	英语成绩	数学成绩
Tom	85	90
Marry	100	80
John	90	90

利用二维数组和循环，分别计算出这 3 个学生的各科总成绩和平均成绩。提示：可将所有成绩放入一个二维数组，例如：

```
int scores[][] = {{85,90},{100,80},{90,90}};
```

2. 编写程序，计算 1 + 3 + 5 + 7 + … + 99 的值，要求如下。

（1）使用循环语句实现自然数 1～99 的遍历。

（2）在遍历过程中，通过条件判断当前遍历的数是否为奇数，如果是就累加，否则不累加。

项目六 水情查询系统优化

在前面的项目中，读者已经实现了水情查询系统的数据处理、业务操作、预警等，对Java程序的基本语法、流程控制、数组、字符串等知识都已经掌握。

本项目对水情查询系统进行优化，主要通过面向对象的思想，利用类、对象、方法等满足水情查询系统的不同需求。

【学习目标】

1. 素质目标

（1）可持续学习：通过使用类和对象，培养持续学习能力，不断拓展和应用类相关的知识和技能。

（2）创造性思维：通过解决菜单回退问题，激发创造性思维，提出创新的类和对象使用方案。

（3）问题解决能力：通过使用类解决复杂问题，培养问题解决能力。

2. 知识目标

（1）面向对象的基本概念：面向对象就是把数据及对数据的操作方法放在一起，使它们成为一个相互依存的整体。

（2）面向对象的三个特征：封装、继承、多态。这三个特征是面向对象编程的核心，它们使代码更加模块化、可重用性和可维护性更强。

（3）面向对象的好处：交流更加流畅，设计和开发效率提高，系统结构较稳定，子系统相对独立，软件的可重用性、可维护性、可扩展性强。

3. 能力目标

（1）掌握类的定义。

（2）掌握对象的创建和使用方法。

（3）掌握对象的引用传递。

（4）掌握对象成员的访问控制。

（5）掌握类的封装特性。

（6）掌握构造方法的定义和重载。

（7）掌握 this 关键字和 static 关键字的使用方法。

【学习任务】

任务 6.1 面向对象编程思想

面向对象
编程思想

1. 面向对象编程思想

在程序设计中，需要用一定类型的数据对问题进行描述。这里的数据是一个广义的概念，它可以指数学计算中的数值（用来描述一组算法或客观存在的属性特征），也可以指一段音乐、多媒体剪辑等。总之，对数据的处理是程序设计的核心。

传统的面向过程编程思想是这样的：先设计一组函数（用来解决一个问题），然后确定函数中需要处理的数据的存储位置，即“算法 + 数据结构 = 程序”。在面向过程编程思想中，永远是先决定算法，再决定要使用的数据结构。

面向对象编程（Object Oriented Programming，OOP）思想恰好相反，它是先确定要处理的数据，然后设计处理数据的算法，最后将数据和算法封装在一起，构成类与对象。面向对象编程思想有以下优点。

（1）更接近人们对客观世界中事物的认识。

人们对客观世界中事物的认识总是以整体印象的形式存在的。例如“大家正在上课，这时一个同学从门外走进来了……”，这时大家都会观察这个同学是男生还是女生，穿了什么衣服，个子有多高，说了哪些话……。人们是把这些特征联系到一个具体人来进行整体分析的。又如“王小丽今天穿着红裙子，背着书包走进教室”，“王小丽”就是一个具体的对象，而不是被简单地理解成“一条红裙子”之类的数据特征。同样的，在编写程序时，也可以把程序功能理解成各种具有实际特征的类和对象的组合。例如，为一家公司制作电子办公软件，可能需要根据不同部门的使用人群，设定不同的功能和权限，“公司雇员”这个整体称谓就可以被理解成类，而该公司的每个员工都是这个类中具体的对象，他们具有不同的姓名、身份和职能，对办公软件也就具有不同的操作权限，然后针对不同员工的职能特征设计不同的方法来表达他们的行为，这就是面向对象编程思想。

（2）对数据和算法的封装更有利于数据安全。

如果将对象看成一种数据和算法的集合体，数据是对象的特征（属性），算法就是对象的行为（方法），例如，一个学生有姓名、年龄、身高等特征，也有说话、走路、学习等行为。对程序使用者来说，只要知道如何通过方法获得对象的属性即可，而不需要知道对象属性的内部细节。就如同使用 ATM，使用者只要知道如何通过 ATM 的外部按键取款就可以了，而不需要知道 ATM 的内部构造，否则可能产生不安全的因素。这种将对象的数据“隐藏”起来，只通过相应的方法才能访问数据的特性称为“封装”。对象的封装特性使数据操作更加安全。

（3）使程序设计更简单，使程序更易于维护。

面向过程的结构化程序设计方法的优点是“自顶向下，逐步求解，易于编写和理解”。但是，数据和操作是分开的，因此这种方法也存在无法克服的缺点：一旦数据的格式和结构

发生变化，为了体现这种变化，对相应数据的操作（或称为“函数”）也要进行修改，特别在复杂的函数嵌套调用时，这种修改造成的影响是连锁式的，如果程序超过万行代码，则进行大范围的维护几乎不可能。

在面向对象的程序设计中，了解对象的属性和操作属性的方法即可，不用考虑对象属性之间错综复杂的关系，这样在修改、维护大型程序的时候才能以最小的代价达成目的。因此，与面向过程的程序设计语言相比，面向对象的程序设计语言更适合开发大型软件，而维护工作也能事半功倍。

2. 使用面向对象编程思想设计程序

下面先阅读 3 段代码，来了解面向对象编程思想——分别用 C、C ++ 和 Java 语言实现两数相加。

【示例 6.1】用面向过程的 C 语言实现两数相加。

具体代码如下。

```
#include<stdio.h>
int sum(int x,int y)
return x+y;
);
void main()
{
int a=3,b=4,c=5,d=6;
printf("a+b=%d\n",sum(a,b));
printf("c+d=%d\n",sum(c,d));
}
```

【示例 6.2】用过程化的面向对象的 C ++ 语言实现两数相加。

具体代码如下。

```
#include<iostream.h> class Calculate
{
public:
int sum(int x,int y){
return x+y;
}
};
void main()
{
Int a=3,b=4.c=5,d=6;
    Calculate obj;
cout<<obj.sum(s.b)<<endl;
    cout<<obj.sum(c.d)<<endl;
}
```

【示例 6.3】用纯面向对象的 Java 语言实现两数相加。

具体代码如下。

```
class Calculate
{
int sum(int x,int y)
{
return x+y;
}
public static void main(String[]args)
{
Calculate obj=new Calculate();
int a=3,b=4,c=5,d-6;
System. out. Println(obj,sum(a,b)) ;
 System. out. println(obj, sum(c,d));
}
}
```

以上 3 个示例的计算结果相同，均如下所示。

```
7
11
```

先比较示例 6.1 和示例 6.2 在语法上的不同之处。示例 6.1 是一个最简单的使用函数模块实现计算功能的程序。在面向过程的 C 语言中，可复用的模块主要指函数。示例 6.2 中使用了类 Calculate，函数 sum( )定义在类 Calculate 中。在主函数 main( )中定义了一个 Calculate 类的对象 obj，然后通过对象 obj 调用自己的 sum( )函数实现加法运算，这是面向对象程序设计的基本思路：首先定义类的一个对象，然后对象调用成员函数来完成对数据的操作。

再比较示例 6.2 和示例 6.3。示例 6.3 中的 Java 程序也定义了类 Calculate，函数 sum( )定义在类 Calculate 中。不同的是，main( )函数的位置不是在类 Calculate 外部，而是在类 Calculate 内部，除此之外与示例 6.2 基本相同，但这也是 Java 语言与 C++ 语言本质上的不同之处。在 Java 语言中不再有过程化的内容，如文件级变量和游离于类体外部的函数等，所有内容都包含在类体内部，main( )函数（准确的叫法应该是“main( )方法”）也不例外。也就是说，Java 程序完全由类模块构成，是一种真正意义上的纯面向对象程序设计语言。

3. 面向对象的概念

面向对象是一种符合人类思维习惯的编程思想。现实生活中存在各种形态不同的事物，这些事物之间存在各种各样的联系。在程序中使用对象来映射现实中的事物，使用对象的关系来描述事物之间的联系，这种思想就是面向对象。

提到面向对象，自然会想到面向过程。面向过程就是分析解决问题所需要的步骤，然后用函数把这些步骤一一实现，使用的时候依次调用即可。面向对象则是把构成问题的事物按照一定规则划分为多个独立的对象，然后通过调用对象的方法来解决问题。当然，一个应用程序会包含多个对象，通过多个对象的相互配合来实现应用程序的功能，这样当应用程序的功能发生变动时，只需要修改个别的对象就可以了，从而使代码更容易得到维护。面向对象的特点主要可以概括为封装性、继承性和多态性。接下来对这三个特点进行简单介绍。

1）封装性

封装性是面向对象的核心特点。将对象的属性和行为封装起来，不让外界知道具体实现细节，这就是封装思想。例如，用户使用计算机，只需要使用键盘和鼠标就可以了，无须知道计算机内部是如何工作的，即使用户知道计算机的工作原理，在使用时也不完全依赖计算机工作原理的细节。

2）继承性

继承性主要描述类与类之间的关系，通过继承，可以在无须重新编写原有类的情况下，对原有类的功能进行拓展。例如，有一个汽车的类，该类描述了汽车的普通特性和功能，而轿车的类中不仅应该包含汽车的特性和功能，还应该增加轿车特有的功能，这时，可以让轿车类继承汽车类，在轿车类中单独添加轿车特性的方法即可。继承性不仅增强了代码的复用性、提高了开发效率，还为程序的维护补充提供了便利。

3）多态性

多态性指的是在程序中允许出现重名现象，它是指在一个类中定义的属性和方法被其他类继承后，它们可以具有不同的数据类型或表现出不同的行为，这使同一个属性和方法在不同的类中具有不同的语义。例如，当听到“Cut”这个单词时，理发师的行为是剪发，演员的行为是停止表演，不同的对象所表现的行为是不一样的。

接下来列举生活中的例子来理解面向对象编程思想和面向过程编程思想。

实例：洗衣服的过程。

用手洗衣服的过程（实际就是面向过程编程思想）：放水→倒洗衣液→放衣服→搓衣服→拧衣服→晾衣服。

用自动洗衣机洗衣服的过程（实际就是面向对象编程思想）：让自动洗衣机洗衣服（图6.1），不用关心自动洗衣机怎么洗衣服，自动洗衣机就是一个对象，把自动洗衣机作为一个对象，让这个对象去洗衣服即可。

图 6.1　用自动洗衣机洗衣服

面向对象编程思想描述的是对象之间的相互作用。它的核心是封装了属性和方法的类，它以数据为中心，实现了类级别的代码重用。面向对象编程思想因为采用了类，所以具有继承性和多态性，可以进一步重用代码和简化编程。

任务 6.2 模块化思想

面向过程编程的核心是“过程”二字，过程指的是解决问题的步骤，即先干什么，再干什么。基于该思想编写程序就好比设计一条流水线，这是一种机械式的思维方式。其优点是将复杂的问题流程化，进而简单化；其缺点是扩展性极差。

面向过程编程思想就是模块化思想，它以功能为中心，注重详细的步骤。

通常将一个大的程序功能分成若干个较小的模块，将每个模块编写成结构清晰、接口简单、容易理解的程序段，即方法。这种方法就叫作模块化程序设计方法，下面学习方法。

1. 方法的定义

一般情况下，定义方法的语法格式如下。

```
修饰符 返回值类型 方法名(参数类型 参数名){
  …方法体 …
  return 返回值;
}
```

方法的定义

方法包含一个方法头和一个方法体。下面是一个方法的所有部分。

（1）修饰符。修饰符是可选的，它告诉编译器如何调用该方法，定义了方法的访问类型。

（2）返回值类型。方法可能返回值。returnValueType 是方法返回值的数据类型。有些方法执行所需的操作，但没有返回值。在这种情况下，returnValueType 是关键字 void。

（3）方法名。方法名是方法的实际名称。

（4）方法名和参数表共同构成方法签名。

（5）参数类型。参数像一个占位符。当方法被调用时，传递值给参数。这个值被称为实参或变量。参数列表是指方法的参数类型、顺序和参数的个数。参数是可选的，方法可以不包含任何参数。

（6）方法体。方法体包含具体的语句，用来定义方法的功能。

方法的定义如图 6.2 所示。

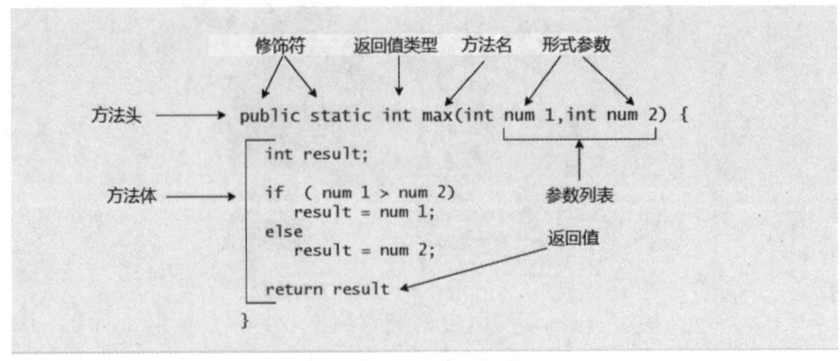

图 6.2　方法的定义

例如，有一个参数的方法如下。

```
public static int age(int birthday){
        ...
        }
```

参数也可以有多个，如下所示。

```
static float interest(float principal, int year){
 ...
 }
```

注意：在一些其他语言中方法指过程和函数。一个返回非 void 类型返回值的方法称为函数；一个返回 void 类型返回值的方法叫作过程。

2. 示例演示

下面的方法包含 2 个参数 num1 和 num2，它返回这两个参数中的最大值。

```
/** 返回两个整型变量数据中的最大值 */
    public static int max(int num1, int num2) {
      int result;
      if (num1 > num2)
           result = num1;
      else
           sult = num2;
          return result;
    }
```

更简略的写法（三元运算符）如下。

```
public static int max(int num1, int num2) {
 return num1 > num2 ? num1 : num2;
}
```

3. 方法的分类

根据方法是否带参数、是否带返回值，可将方法分为四类。

方法的分类

（1）无参数无返回值的方法；

（2）无参数带返回值的方法；

（3）带参数无返回值的方法；

（4）带参数带返回值的方法。

对于 Java 语言中的方法参数传递，无论传递的是原生数据类型还是引用数据类型，统一传值。

4. 方法定义练习

（1）无参数无返回值的方法。打印包含 3 行，每行有 3 个“*”号的矩形。具体代码如下。

```
public static void printRect(){
    //打印 3 行"*"号
    for(int i =0;i <3;i ++){
        //每行打印 3 个"*"号
        for(int j =0;j <3;j ++){
            System.out.println("*");
        }
        System.out.println();
    }}
```

（2）无参数带返回值的方法。从键盘输入一个整数。具体代码如下。

```
public static int getNumber(){
  Scanner sc =new Scanner(System.in);
   int num =sc.nextInt();
   return num;
 }
```

（3）带参数无返回值的方法。打印包含 m 行，每行有 n 个“ * ”号的矩形。具体代码如下。

```
public static void printRect2(int m,int n){
//打印 m 行星星
for(int i =0;i <m;i ++){
   //每行打印 n 颗星星
  for(int j =0;j <n;j ++){
    System.out.println("*");
  }    System.out.println();
  }}
```

（4）带参数带返回值的方法。求 3 个数的平均值。具体代码如下。

```
public static double getAvg(double a,double b,double c){
  double result =(a +b +c)/3;
  return result;
}
```

5. 方法重载

1）重载

方法的重载

重载（overloading）是指在一个类中，方法名相同而参数不同，返回类型可以相同也可以不同。

每个重载的方法（或者构造函数）都必须有一个独一无二的参数列表。

最常用的是构造器的重载。

2）重载的规则

（1）重载的方法必须改变参数列表（参数个数或类型不一样）。

（2）重载的方法可以改变返回类型。

（3）重载的方法可以改变访问修饰符。

（4）重载的方法可以声明新的或更广泛的检查异常。

（5）方法能够在同一个类或者一个子类中重载。

（6）无法以返回值类型作为重载函数的区分标准。

示例：实现两个整数相加、三个整数相加及两个小数相加的方法。具体代码如下。

```
public class MethodDemo {
    public static void main(String[] args) {
        //下面是针对求和方法的调用
        int sum1 = add(1,2);
        int sum2 = add(1,2,3);
        double sum3 = add(1.2,2.3);
        //下面是打印求和的结果
        System.out.println("sum1 = " + sum1);
        System.out.println("sum2 = " + sum2);
        System.out.println("sum3 = " + sum3);
    }
    //实现两个整数相加的方法
    public static int add(int x,int y){
        return x + y;
    }
    //实现三个整数相加的方法
    public static int add(int x,int y,int z){
        return x + y + z;
    }
    //实现两个小数相加的方法
    public static double add(double x,double y){
    return x + y;
    }
}
```

6. Java 语言的存储修饰符

在 Java 语言中，存储修饰符主要用于定义类成员（字段或方法）在内存中的存储特性和访问权限。存储修饰符主要包括访问控制修饰符和特殊存储修饰符，如 public、private、protected、default（默认）、static 和 transient 等。

1）访问控制修饰符

（1）public。

示例代码如下。

```
Java
public class MyClass {
        public int publicVariable;
        public void publicMethod() {
                //.. }
}
```

解释：public 修饰符允许类成员（字段或方法）从任何其他类中访问，无论它们是否位于同一个包中。

（2）private。

示例代码如下。

```
Java
public class MyClass {
    private int privateVariable;
    private void privateMethod() {
        //...
    }
}
```

解释：private 修饰符限制类成员只能在其所属类的内部访问，不允许外部类或子类访问。

（3）protected。

示例代码如下。

```
Java
public class MyClass {
    protected int protectedVariable;
    protected void protectedMethod() {
        //...
    }
}
```

解释：protected 修饰符允许类成员在同一个包中的任何类中访问，同时允许不同包中的子类访问。

（4）default（无关键字修饰，即包访问权限）。

示例代码如下。

```
Java
package com.example.myPackage;

public class MyClass {
    int defaultVariable;
    void defaultMethod() {
        //...
    }
}
```

解释：没有显式修饰符的类成员具有包访问权限，这意味着它们只能在同一个包中的其他类中访问。

2）特殊存储修饰符

（1）static。

示例代码如下。

```
Java
public class MyClass {
    public static int sharedVariable = 0;
    public static void sharedMethod() {
        //...
    }
}
```

解释：static 修饰符使字段或方法成为类级别的，不属于任何对象实例。静态字段存储在方法区中，所有类实例共享同一份副本；静态方法可以通过类名直接调用，而不必创建类的实例。

（2）transient。

示例代码如下。

```
Java
public class MyClass implements java.io.Serializable {
    transient int nonSerializedVariable;
}
```

解释：transient 修饰符应用于实例变量时，表示此变量不应该被 Java 序列化机制处理。当对象被序列化时，被 transient 修饰的字段不会被保存到序列化的字节流中，也不会从反序列化的字节流中恢复。

通过这些存储修饰符，Java 语言提供了严格的封装性和灵活性，使开发者能够精确地控制类成员的存储和访问特性，这对于软件设计的安全性和稳定性至关重要。

任务 6.3 优化雨情管理

6.3.1 任务分析

如果实现菜单回退功能需要编写 100 行代码，那么每次需要菜单回退时，都需要重复编写这 100 行代码，代码冗余，这样做显然不合理。为了解决这一问题，可以将菜单回退的代码提取出来作为一段独立的代码块，并为这段代码块起一个名字，当需要菜单回退时，直接通过这个名字就可以调用这段代码块。这就是在类中定义了一个方法。菜单回退如何实现是开发此功能的程序员需要思考的问题，方法的调用者无须关心该功能是如何实现的，这就是面向对象编程思想的一大优点。前面的项目中也使用了一些方法，如字符串类的 equals( ) 方法，只需要直接调用它就可以比较两个字符串是否相等，不需要考虑这个方法是如何实现的。由此可以看出类的方法定义了类的某种功能，具体的实现方式封装在类中，实现了信息的隐藏，同时提高了代码的重用性。

本任务通过分析水情查询系统中的有关业务代码，将系统功能进一步优化整合，解决代码冗余问题。

（1）使用用户类优化系统。

（2）使用雨情类优化系统。

水情查询系统显示效果如图 6.3 所示。

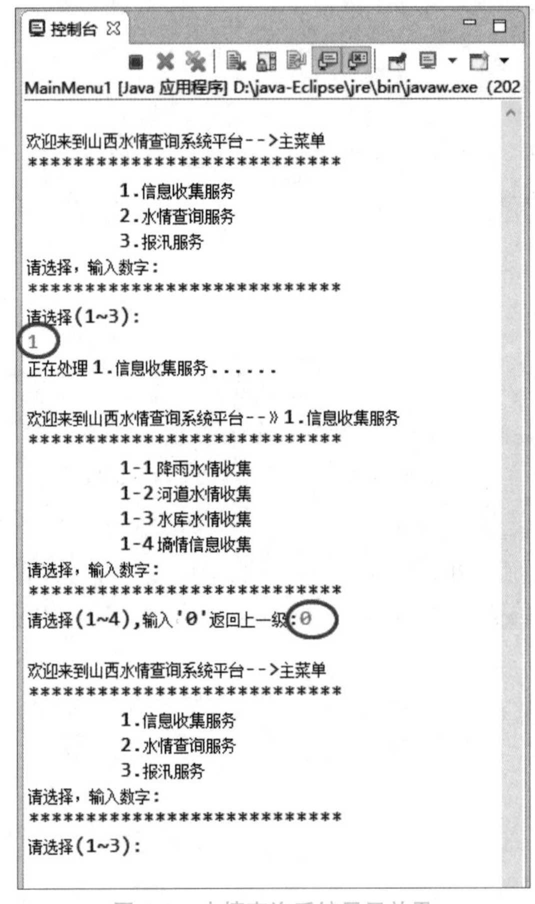

图 6.3　水情查询系统显示效果

为了完成本任务，需要掌握 Java 语言的面向对象编程的功能，充分理解类和面向对象的概念，掌握类的创建及类的成员变量和成员方法的创建，掌握类的构造方法的创建、对象的创建，理解访问对象的属性、方法等。接下来介绍类与对象的知识。

6.3.2　知识准备

1. 类与对象

在现实世界中，对象（object）就是客观存在的某一事物。一台计算机、一架飞机、一张桌子等（图 6.4）都可以被视为对象。

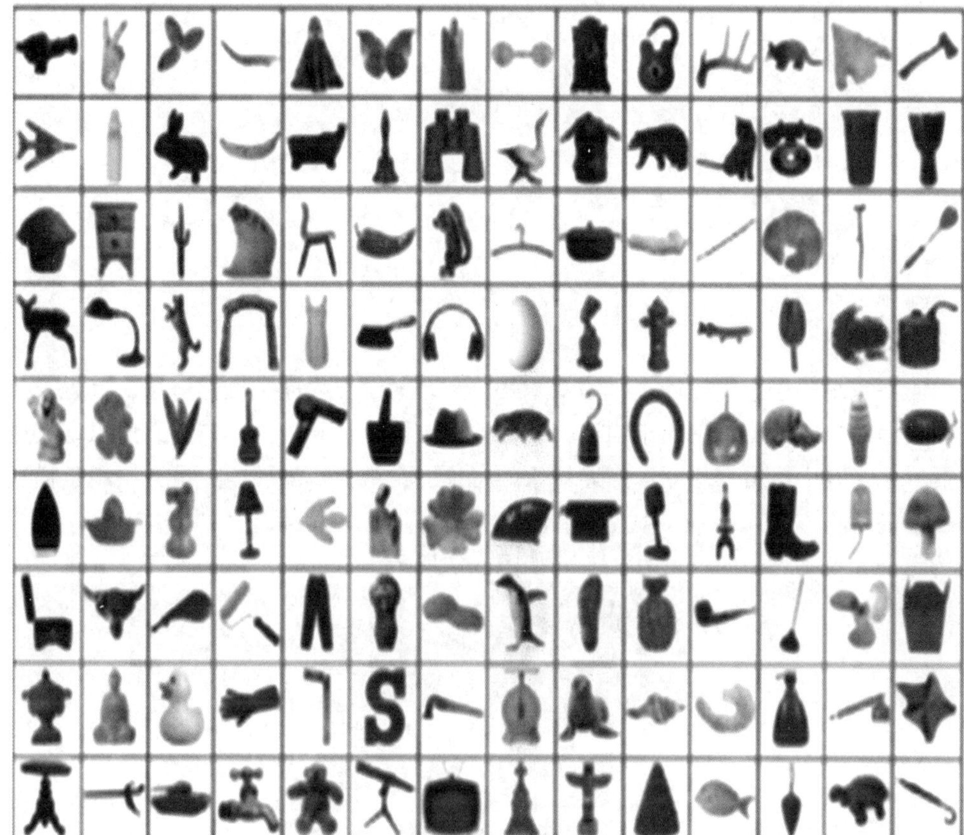

图 6.4　万物皆对象

对象一般从两个方面描述：特征（属性）和行为能力（方法）。

（1）属性：对象具有的各种特征。

（2）方法：对象执行的操作。

例如，自行车有品牌、颜色、价格等属性和骑行、载重、调速等行为，如图 6.5 和图 6.6 所示。

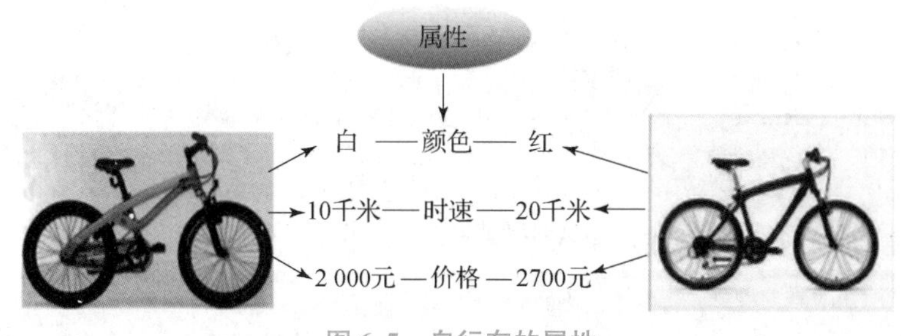

图 6.5　自行车的属性

类是具有相同的属性和共同行为的一组对象的集合。类是对这组对象的概括、归纳与抽象表达。类是抽象的概念，它仅是模板，例如，人类、学生类、教师类。对象是能够看得到、摸得着的具体实体。

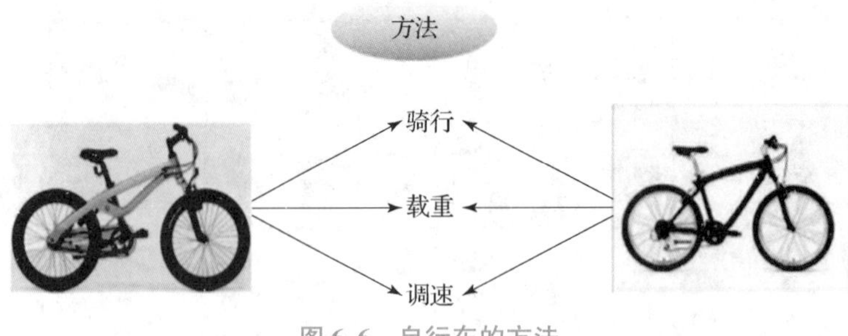

图 6.6　自行车的方法

2. 类的定义

在面向对象编程思想中，最核心的概念是对象。为了在程序中创建对象，首先需要定义一个类。类是对象的抽象，它用于描述一组对象的共同特征和行为。在类中可以定义成员变量和成员方法，其中成员变量用于描述对象的特征，也被称作属性，成员方法用于描述对象的行为，可简称为方法。

类的定义包括类名、属性、方法等，如图 6.7 所示。

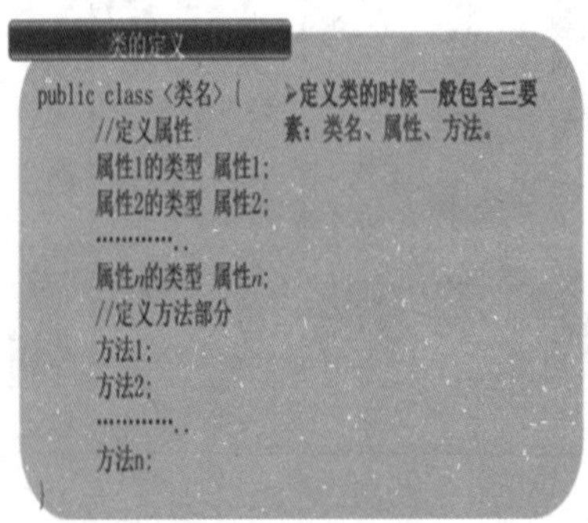

图 6.7　类的定义

例如：

```
public class Dog{
      String color;
      int age;
      String name;
      public String toString(){
            return name + "是一只" + age + "岁的" + color + "颜色的狗!";
}
```

【示例 6.4】定义一个人类。具体代码如下。

```
class Peason {
     //属性
    String name;
    int age;
    String sex;
    String adr;
```

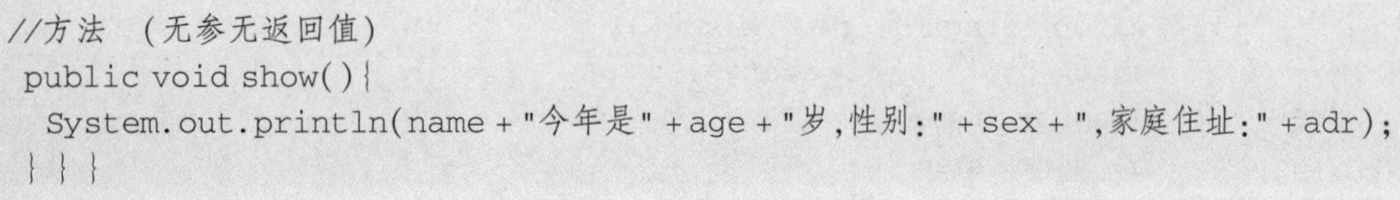

```
//方法  (无参无返回值)
public void show(){
 System.out.println(name+"今年是"+age+"岁,性别:"+sex+",家庭住址:"+adr);
}}}
```

3. 创建和使用对象

1）创建对象

应用程序想要完成具体的功能，仅有类是远远不够的，还需要根据类创建实例对象。在Java程序中可以使用new关键字创建对象，语法格式如下。

```
类名  对象名=new 类名();
```

例如，创建Person类的实例对象代码：

```
person p=new person();
```

在上面的代码中，“new person( )”用于创建person类的一个实例对象，“person p”则是声明了一个person类型的变量p。中间的等号用于将person对象在内存中的地址赋给变量p，这样变量p便持有了对象的引用。在内存中变量p和对象之间的引用关系如图6.8所示。

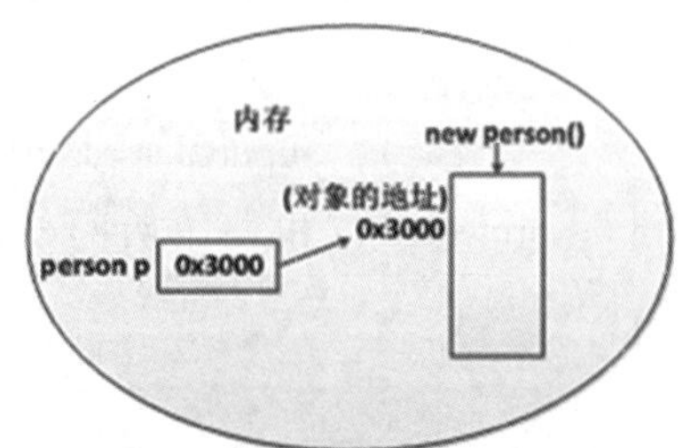

图6.8　在内存中变量p和对象之间的引用关系

2）使用对象

对象属性和方法的访问通过“.”运算符实现，语法格式如下。

```
对象名.属性    //引用对象的属性
对象名.方法名()  //引用对象的方法
```

例如：

```
p.name="张三";
p.show();
```

【示例6.5】建立两个实际的人对象。具体代码如下。

```
public class Test1 {
  public static void main(String[] args) {
        //创建对象
```

```
        Peason zhangsan = new Peason();
        Peason lisi = new Peason();
        zhangsan.name = "张三";
        zhangsan.age = 18;
        zhangsan.sex = "男";
        zhangsan.adr = "山西运城";
        zhangsan.show();
                        ................ //lisi 对象的调用省略
}
```

4. Java 类继承的实现形式

继承

在 Java 语言中，类继承是一种面向对象的重要特性，它允许一个类（子类）从另一个类（父类）继承属性和方法，以此实现代码复用、增加代码组织性和表达类与类之间的“is - a”关系。以下是关于 Java 类继承实现形式的详细说明及示例。

1）基本语法

在 Java 语言中，要声明一个类继承另一个类，使用 extends 关键字。其语法格式如下。

```
Java
public class SubClass extends SuperClass {
    //子类的属性和方法定义
}
```

其中，SubClass 是要创建的新类（子类），SuperClass 是现有类（父类）。子类将继承父类的所有公共（public）、受保护（protected）和默认访问权限（包访问权限）的字段和方法。

2）示例

假设有一个简单的父类 Animal，如下所示。

```
Java
public class Animal {
    protected String name
;    public void eat() {
        System.out.println("动物正在吃东西");
    }

    public void sleep() {
    System.out.println("动物正在睡觉");
    }
}
```

现在可以创建一个继承自父类 Animal 的子类 Dog，如下所示。

```
Java
public class Dog extends Animal {
    private int age;
```

```

    //子类特有的方法
    public void bark() {
        System.out.println("狗正在吠叫");
    }

    //重写父类方法(方法覆盖)
    @Override
    public void eat() {
        System.out.println("狗正在吃骨头");
    }

    //访问父类构造器
    public Dog(String name, int age) {
        super(name); //调用父类构造器初始化 name 属性
        this.age = age;
    }
}
```

这个示例的说明如下。

（1）Dog 类通过 extends Animal 继承了 Animal 类的属性和方法。

（2）Dog 类添加了一个特有的属性 age 和方法 bark()。

（3）Dog 类通过@ Override 标注重写了父类的 eat()方法，实现了方法覆盖。

（4）在 Dog 类的构造器中，使用 super 关键字调用了父类的构造器，以便初始化共享的 name 属性。

5. 继承的特点

（1）单继承：Java 语言不支持多继承，即一个类只能直接继承一个父类。然而，通过接口（interface）可以实现类似多重继承的效果，因为一个类可以实现多个接口。

（2）多层继承：虽然 Java 语言只支持单继承，但可以形成多层继承结构，例如 A→B→C，其中 C 是 B 的子类，B 是 A 的子类。

（3）访问权限：子类能继承父类的非私有（private）成员，包括公共、受保护和默认访问权限的成员。

（4）构造过程：子类构造器会先调用父类的构造器（如果未显式调用，则默认调用无参构造器），确保父类的初始化工作得以进行。

（5）super 关键字：在子类中可以通过 super 关键字引用父类的构造器、字段和方法。

6. 为什么使用继承

（1）代码复用：避免重复编写相同的属性和方法，提高开发效率。

（2）层次结构模型：有助于构建自然界的分类体系或软件系统中的层次结构。

（3）方法重写：子类可以根据需要定制或扩展父类的行为，增强程序的灵活性和可扩展性。

6.3.3 任务实施

1. 实现思路

（1）在 Menu 菜单类中增加使用用户类 User 定义用户对象 user。

（2）在登录菜单中找到用户注册的位置，改为使用 user 调用用户注册的方法 registerUser( )。

（3）找到用户登录的位置，改为使用 user 调用用户登录的方法 loginUser( )。

（4）使用雨情类 Rain 定义雨情对象 rain。

（5）在二级菜单中找到涉及雨情功能的位置，改为调用雨情类的相应方法，从而减少代码量。

2. 实现代码

1）用户类

```
import java.util.Scanner;
/*
 * 使用用户类优化系统登录菜单
 */
public class Menu {
Scanner input = new Scanner(System.in);
User user = new User(); //定义 User 用户对象 user
//实现 - 登录菜单 - 功能
//1.使用用户类优化系统登录菜单 -- 无参无返回值方法
public void showLoginMenu() {
System.out.println("\n *** 欢迎登录山西水情查询系统平台 *** ");
System.out.println("\n\t1. 登录");
System.out.println("\t2. 注册");
System.out.println("\t3. 退出");
System.out.println(" ********************** ");
System.out.println("请选择,输入数字:");

boolean flag;
do{
flag = true;
int chooice = input.nextInt();
switch (chooice) {
case 1:
//用户登录
boolean result = user.loginUser(); //调用用户的登录方法
if (result) {
showMainMenu();
} else {
showLoginMenu();
}
break;
```

```
case 2:
//用户注册
user.registerUser(); //调用用户的注册方法
showLoginMenu();
break;
case 3:
//退出
System.out.println("\n欢迎下次继续使用本系统!!!");
System.exit(0);
break;
default:
System.out.println("选择有误,请重新选择(1~3),输入数字:");
flag = false;
}
}while(! flag);
}
}
```

2）雨情类

```
import java.util.Scanner;
/*
 * 使用雨情类优化相关的二级子菜单
 * (类和对象)
 */
public class Menu {

Scanner input  = new Scanner(System.in);
User user  = new User();  //定义User用户对象user
Rain rain = new Rain(); //定义Rain降雨对象rain
Rain[] rains = new Rain[0]; //定义降雨数组对象rains

//2.使用雨情类优化相关的二级子菜单
//方法1定义:实现-(二级菜单1)-信息收集服务功能--无参无返回值方法
public void showSecMenuCollect() {
System.out.println("\n欢迎来到山西水情查询系统平台--》1.信息收集服务");
System.out.println("**************************** ");
System.out.println("\t1-1 降雨水情收集");
System.out.println("\t1-2 河道水情收集");
System.out.println("\t1-3 水库水情收集");
System.out.println("\t1-4 墒情信息收集");
System.out.println("请选择,输入数字:");
System.out.println("**************************** ");
System.out.print("请选择(1~4),输入'0'返回上一级:");
boolean flag;

do {
flag = true;
int num = input.nextInt();
```

```
switch (num) {
case 1:
System.out.println(" *****1 -1 降雨水情收集 ***** ");
//rain.addRain(); //调用添加降雨信息方法
rains = rain.addRains();
break;
case 2:
System.out.println(" *****1 -2 河道水情收集 ***** ");
System.out.println("... 随堂练习 ...");
break;
case 3:
System.out.println(" *****1 -3 水库水情收集 ***** ");
System.out.println("... 随堂练习 ...");
break;
case 4:
System.out.println(" *****1 -4 墒情信息收集 ***** ");
System.out.println("... 课后作业 ...");
break;
case 0:
System.out.println(" ***** 返回上一级菜单 ***** ");
returnMenu("main");
break;
default:
System.out.print("选择有误,请重新选择(1 ~4),输入'0'返回上一级:");
flag = false;
}
} while (! flag);

returnMenu("collect");
}
//方法2 定义:实现 -(二级菜单2) -河道水情查询服务功能 --无参无返回值方法
public void showSecMenuSelect() {
System.out.println(" \n 欢迎来到山西水情查询系统平台 --》2. 水情查询服务");
System.out.println(" *************************** ");
System.out.println(" \t2 -1 降雨水情查询");
System.out.println(" \t2 -2 河道水情查询");
System.out.println(" \t2 -3 水库水情查询");
System.out.println(" \t2 -4 墒情信息查询");
System.out.println("请选择,输入数字:");
System.out.println(" *************************** ");
System.out.print("请选择(1 ~4),输入'0'返回上一级:");
boolean flag;

do {
flag = true;
int num = input.nextInt();
switch (num) {
case 1:
System.out.println(" *****2 -1 降雨水情查询 ***** ");
```

```
//rain.showRain(); //调用显示降雨信息方法
rain.showRain(rains);
break;
case 2:
System.out.println(" *****2 -2 河道水情查询 ***** ");
System.out.println("... 随堂练习 ...");
break;
case 3:
System.out.println(" *****2 -3 水库水情查询 ***** ");
System.out.println("... 随堂练习 ...");
break;
case 4:
System.out.println(" *****2 -4 墒情信息查询 ***** ");
System.out.println("... 课后作业 ...");
break;
case 0:
System.out.println(" ***** 返回上一级菜单 ***** ");
returnMenu("main");
break;
default:
System.out.print("选择有误,请重新选择(1 ~4),输入'0'返回上一级:");
flag = false;
}
} while (! flag);

returnMenu("select");
}

//方法3 定义:实现 -(二级菜单3) - 报汛服务功能 -- 无参无返回值方法
public void showSecMenuInformation() {
System.out.println("\n 欢迎来到山西水情查询系统平台 --》3. 报汛服务");
System.out.println(" *************************** ");
System.out.println("\t3 -1 降雨水情报告");
System.out.println("\t3 -2 汛情报告");
System.out.println("\t3 -3 河道水情报告");
System.out.println("\t3 -4 水库水情报告");
System.out.println("\t3 -5 墒情信息报告");
System.out.println("请选择,输入数字:");
System.out.println(" *************************** ");
System.out.print("请选择(1 ~4),输入'0'返回上一级:");
boolean flag;
do {
flag = true;
int num = input.nextInt();
switch (num) {
case 1:
System.out.println(" *****3 -1 降雨水情报告 ***** ");
rain.showRain(); //调用显示降雨水情信息方法
break;
```

```
case 2:
System.out.println(" ***** 3 -2 汛情报告 ***** ");
rain.baoXun(); //调用降雨水情报告方法
break;
case 3:
System.out.println(" ***** 3 -3 河道水情报告 ***** ");
System.out.println("... 随堂练习 ...");
break;
case 4:
System.out.println(" ***** 3 -4 水库水情报告 ***** ");
System.out.println("... 随堂练习 ...");
break;
case 5:
System.out.println(" ***** 3 -5 墒情信息报告 ***** ");
System.out.println("... 课后作业 ...");
break;
case 0:
System.out.println(" ***** 返回上一级菜单 ***** ");
returnMenu("main");
break;
default:
System.out.print("选择有误,请重新选择(1 ~5),输入'0'返回上一级:");
flag = false;
}
} while (! flag);

returnMenu("information");
}
//有参方法定义:返回上一级菜单 --有参无返回值方法
public void returnMenu(String str) {
boolean flag;
do {
flag = true;
if ("login".equals(str)) { //返回登录菜单
showLoginMenu();
} else if ("main".equals(str)) { //返回一级菜单
showMainMenu();
} else if ("collect".equals(str)) { //返回二级菜单1
showSecMenuCollect();
} else if ("select".equals(str)) { //返回二级菜单2
showSecMenuSelect();
} else if ("information".equals(str)) { //返回二级菜单3
showSecMenuInformation();
} else {
flag = false;
}
} while (! flag);
}
```

```
    //测试
    public static void main(String[] args) {
    Menu menu = new Menu();
    menu.showLoginMenu(); //启动登录菜单
    }
    }
```

6.3.4 任务总结

本任务运用了面向对象的类的定义、对象的创建等知识。要特别注意以下几点。

（1）定义类，使用关键字 class。

（2）创建类的对象，使用关键字 new。

（3）使用类的属性和方法，使用“.”操作符。

【项目评价】

考核方式 项目分值比		考核方式	评价标准（掌握程度）				
			优	良	中	及格	不及格
线上考核（30%）	10%	章节测验	≥90 分	80（含）~90（不含）分	70（含）~80（不含）分	60（含）~70（不含）分	<60 分
	10%	音视频	≥90 分	80（含）~90（不含）分	70（含）~80（不含）分	60（含）~70（不含）分	<60 分
	10%	讨论次数	≥90 分	80（含）~90（不含）分	70（含）~80（不含）分	60（含）~70（不含）分	<60 分
线下考核（40%）	5%	课堂提问	≥90 分	80（含）~90（不含）分	70（含）~80（不含）分	60（含）~70（不含）分	<60 分
	5%	随堂测验	≥90 分	80（含）~90（不含）分	70（含）~80（不含）分	60（含）~70（不含）分	<60 分
	30%	3 个任务	≥90 分	80（含）~90（不含）分	70（含）~80（不含）分	60（含）~70（不含）分	<60 分
实战练习（30%）	30%	实战练习	≥90 分	80（含）~90（不含）分	70（含）~80（不含）分	60（含）~70（不含）分	<60 分
合　计		100%					

【项目小结】

通过本项目的学习，读者了解了对象是用来描述客观事物的一个实体，类定义了对象所拥有的特征（属性）和行为（方法），类是对象的类型，对象是类的实例。使用类的步骤为：①定义类（使用关键字 class）；②创建类的对象（使用关键字 new）；③使用类的属性和方法（用“.”操作符）。

【实战练习】

一、选择题

1. （　　）是拥有属性和方法的实体。(选两项)

A. 对象　　B. 类　　C. 方法　　D. 类的实例

2. 对象的特征在类中表示为变量，称为类的（　　）。

A. 对象　　B. 属性　　C. 方法　　D. 数据类型

3. 小明定义了一个汽车类（Car），它包含的属性有：颜色（color）、型号（type）、品牌（brand）。现在大鸟要在 main()方法中创建 Car 类的对象，以下代码中，（　　）是正确的。

A.
```
Car myCar = new car;
myCar color ="黄色";
```

B.
```
Car myCar = new Car();
myCar.brand ="宝马*;
```

C.
```
car myCar;
myCar.color ="黄色*;
```

D.
```
Car myCar - new Car();
color =“黄色”:
```

4. 下面的代码中（　　）是正确的。

A.
```
public class Dog {
   String color = "黑色";
   String type -"德国牧羊犬"1
   public void toString(){
   return“这是一条”+ color + -的" +type;
```

B.
```
public class Dog {
   String color = "黑色";
   String type = "德国牧羊犬";
   public String toString(){
   return "这是一条”+ color +"的” +type;
```

C.
```
public class Dog {
   String color ="黑色";
   String type ="德国牧羊犬";
   public tostring (){
   return "这是一条" + color +"的" + type;
}
```

D.

```
public class Dog{
   string color ="黑色";
   String type ="德国牧羊犬";
   public String toString( ){
   "这是一条" + color + "的" + type;
}
```

5. (　　) 属于引用数据类型。(选两项)

A. String

B. char

C. 用户自定义的 Student 类类型

D. int

二、简答题

1. 简述什么是类、什么是对象及类和对象的区别是什么。

2. 老师要求小明使用面向对象编程思想编写一个计算器程序，实现两个数的加、减、乘、除运算。如果你是小明，你如何编写程序？写出你的思路。